有趣的
太空

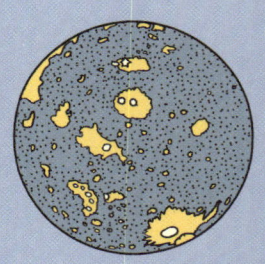

图解神秘的
太空世界

李静·编著
野作插画·绘
张京男·审

电子工业出版社
Publishing House of Electronics Industry
北京·BEIJING

读者服务

读者在阅读本书的过程中如果遇到问题，可以关注"有艺"公众号，通过公众号中的"读者反馈"功能与我们取得联系。此外，通过关注"有艺"公众号，您还可以获取艺术教程、艺术素材、新书资讯、书单推荐、优惠活动等相关信息。

投稿、团购合作：请发邮件至art@phei.com.cn。

扫一扫关注"有艺"

未经许可，不得以任何方式复制或抄袭本书之部分或全部内容。
版权所有，侵权必究。

图书在版编目（CIP）数据

有趣的太空：图解神秘的太空世界 / 李静编著；野作插画绘. —北京：电子工业出版社，2024.3
ISBN 978-7-121-47285-5

Ⅰ.①有… Ⅱ.①李… ②野… Ⅲ.①外太空－普及读物 Ⅳ.①V11-49

中国国家版本馆CIP数据核字（2024）第037047号

责任编辑：高　鹏
印　　刷：北京缤索印刷有限公司
装　　订：北京缤索印刷有限公司
出版发行：电子工业出版社
　　　　　北京市海淀区万寿路173信箱　　邮编：100036
开　　本：787×1092　1/16　印张：6　字数：134.4千字
版　　次：2024年3月第1版
印　　次：2024年3月第1次印刷
定　　价：69.00元

凡所购买电子工业出版社图书有缺损问题，请向购买书店调换。若书店售缺，请与本社发行部联系，联系及邮购电话：（010）88254888，88258888。
质量投诉请发邮件至zlts@phei.com.cn，盗版侵权举报请发邮件至dbqq@phei.com.cn。
本书咨询联系方式：（010）88254161～88254167转1897。

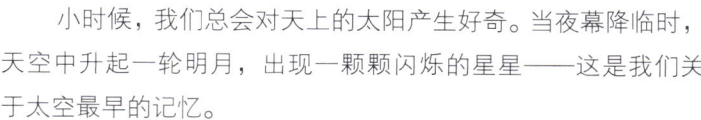

前 言

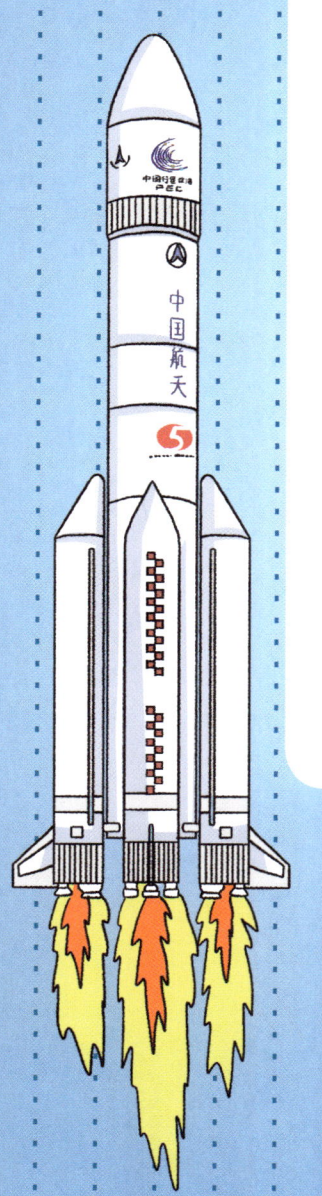

　　小时候，我们总会对天上的太阳产生好奇。当夜幕降临时，天空中升起一轮明月，出现一颗颗闪烁的星星——这是我们关于太空最早的记忆。

　　随着年龄的增长，我们知道了脚下的星球叫地球，知道了太阳系中有八大行星，知道了银河系中除了太阳系还有其他行星系，而在整个宇宙中还有无数个类似银河系的恒星系。

　　当我们在没有城市光污染的地方仰望夜空时，不禁会被浩瀚的星辰吸引，从而产生许多疑问：月球离我们多远？最亮的那颗星星是什么星？宇宙有多大？……

　　人类从未放弃探索太空，从登月到建造宇宙空间站，再到探索更遥远的星球，人类在一步步揭开太空的奥秘。而我们作为时代的见证者，将见证人类在这一时期探索太空的新发现，说不定哪一天，我们不再是太空中唯一的"流浪者"。

目 录

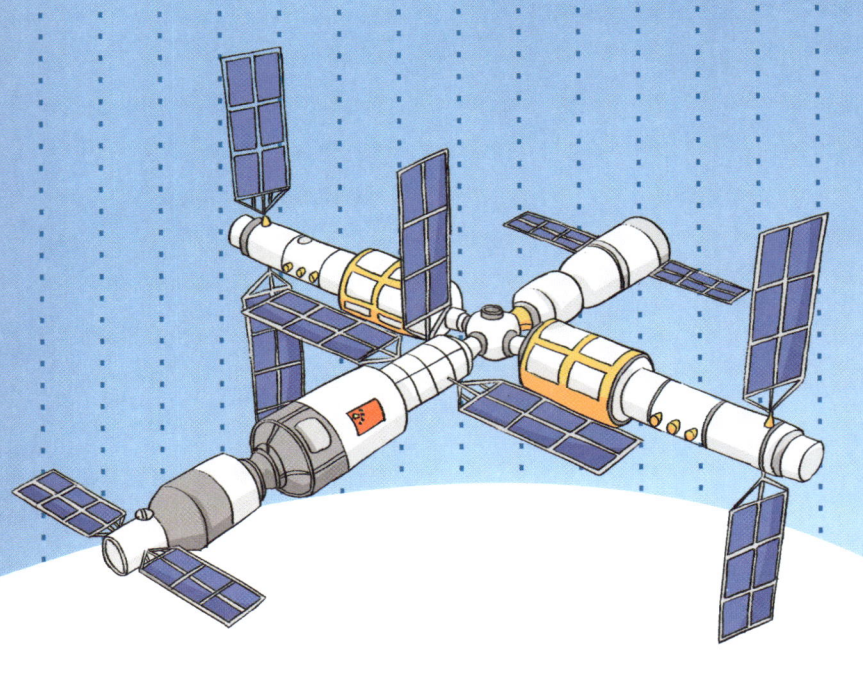

第一章 我们身处的宇宙

宇宙大爆炸	8
银河系	9
恒星	10
观测恒星	11
行星与卫星	13
黑洞	14
太阳系	16
太阳"母亲"	17
水星	19
去水星看一看	21
金星	23
金星到底什么样	24
火星上真的有火吗	26
火星上会有生命吗	28
中国火星探测工程	30

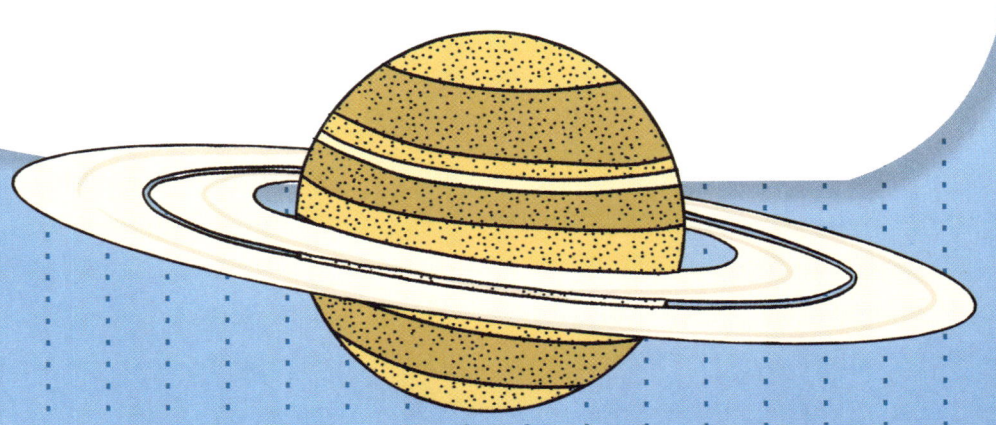

第二章 我们居住的地球

行星之末——木星
「我」的卫星有很多
木星的探索
土星
最梦幻的行星
探索土星的奥秘
土卫六
天王星
探索天王星
海王星
探索海王星
被「除名」的冥王星
完美的小小星球
四季与昼夜
地球的大气层
地球的结构
生命
海洋

59 57 56 54 53 52 52 51 50 49 47 45 44 42 40 38 36 34 32

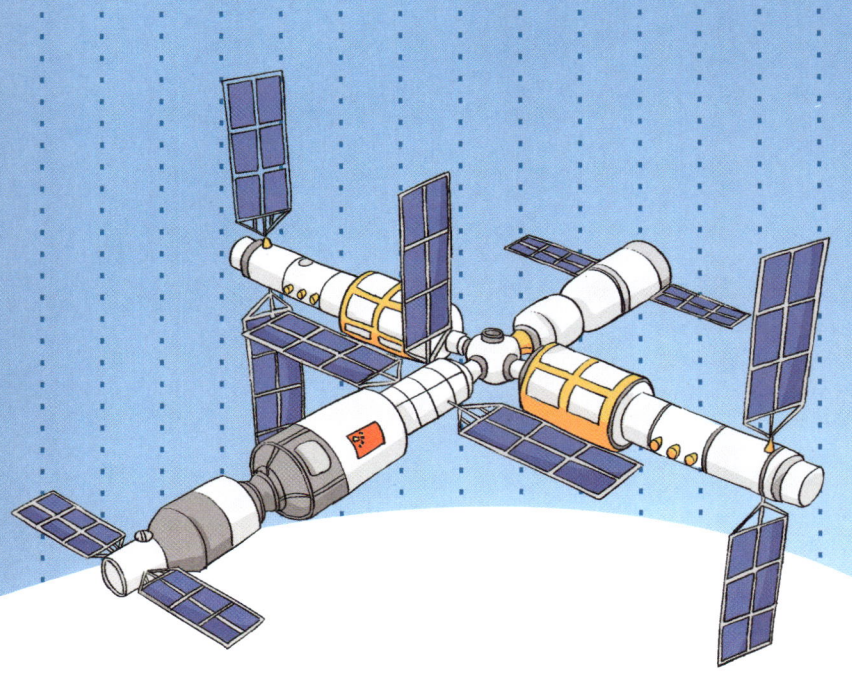

第三章 向宇宙进发

人类的探月之旅——苏联
领先世界的苏联探月五程
人类的探月之旅——美国
中国的探月五程
再出发
继续前进
哈勃太空望远镜
阿雷西博望远镜
中国的「天眼」
宇宙飞船是什么
运载火箭
世界载人航天大事记

地球的好伙伴
月亮的变化

81 80 79 77 76 75 73 71 69 67 65 64 64 62 61

第四章 中国的『飞天』路

我们的宇宙飞船　83
中国酒泉卫星发射中心　85
西昌卫星发射中心　86
文昌航天发射场　87
太原卫星发射中心　88
"北斗卫星导航系统"是什么　89
国际空间站　90
中国空间站　92
航天服　93
空间站的生活　94
成为一名航天员　96

第一章　我们身处的宇宙

宇宙大爆炸

一些科学家认为，宇宙起源于一个质量很大、体积却非常小的点，这个点叫作"奇点"。在大约138亿年前，这个点突然爆炸了，不断地膨胀，由此诞生了现在的宇宙。

星系是由宇宙大爆炸产生的，它由无数的恒星、行星、尘埃等组成。如果把宇宙比喻为一个家族，那么星系就是一个个小家庭。

矮星系：在所有星系里，矮星系最常见，它们非常暗。在银河系附近，有许多矮星系。

旋涡星系：旋涡星系的形状像一个盘子，它是由许许多多的星球和尘埃，以及气体组成的。我们所在的银河系就属于旋涡星系中的棒旋星系。

椭圆星系：椭圆星系的形状是椭圆形。它们的中心很亮，越往边缘越暗。它们没有清晰的边界，看起来是黄色的或者红色的。

不规则星系：不规则星系的外表看起来不规则，没有明显的中心点。

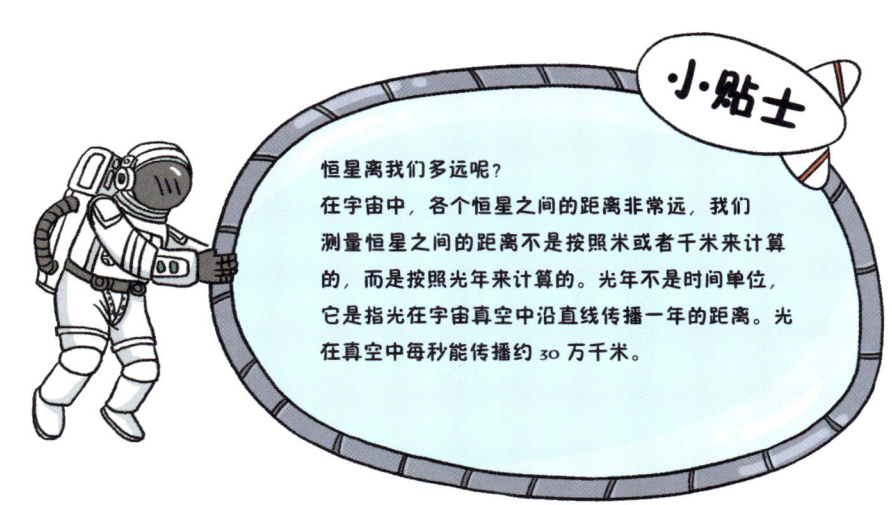

小贴士

恒星离我们多远呢？
在宇宙中，各个恒星之间的距离非常远，我们测量恒星之间的距离不是按照米或者千米来计算的，而是按照光年来计算的。光年不是时间单位，它是指光在宇宙真空中沿直线传播一年的距离。光在真空中每秒能传播约30万千米。

银河系

我们仰望苍穹时，在天空的中央有时能看到一条由星星组成的河——银河。古代欧洲人将这条河比喻为洒在天幕的牛奶，称它为"牛奶路"。

直到1610年，意大利科学家伽利略·伽利雷使用自己制造的望远镜观察银河，惊喜地发现银河原来是由许许多多、密密麻麻的星星聚集在一起形成的。只是这些星星距离地球太远，看起来才会像一条"河"。

银河系有多大"年纪"？银河系形成于大约100亿年前，天文学家预测它可能还会存在数十亿年。和银河系相比，我们人类是多么渺小啊！

从侧面看，银河系就像一个盘子，它的中央凹凸有致，大部分恒星位于这里，周围四散着其他恒星和尘埃。

从上往下看，银河系就像一个旋涡，它自转时，星系里的所有恒星会跟随它转动。因为所受引力的大小不同，恒星的转动速度有的快、有的慢。

我们现在观测到的宇宙是由非常多的星系组成的，银河系只是其中一个星系。它既不是最大的，也不是最重的，却是我们人类生命的摇篮。

第一章　我们身处的宇宙

恒星

恒星是由引力凝聚在一起的球形发光等离子体，依靠核能释放光芒。

太阳是距离我们最近的恒星。

如果你居住的地方离城市远，那么在晴朗的、空气稀薄的夜晚，你抬头就能看到星空。这些闪烁得像钻石一般的星星大多数是恒星。

每颗星星发出或反射的光的强弱是不一样的，我们在观察星星时，会发现有些星星亮一些，有些星星暗一些。天文学家用视星等来衡量天体的光度。视星等越小的星星越亮，它们一般是恒星，最亮的恒星的视星等是负值。

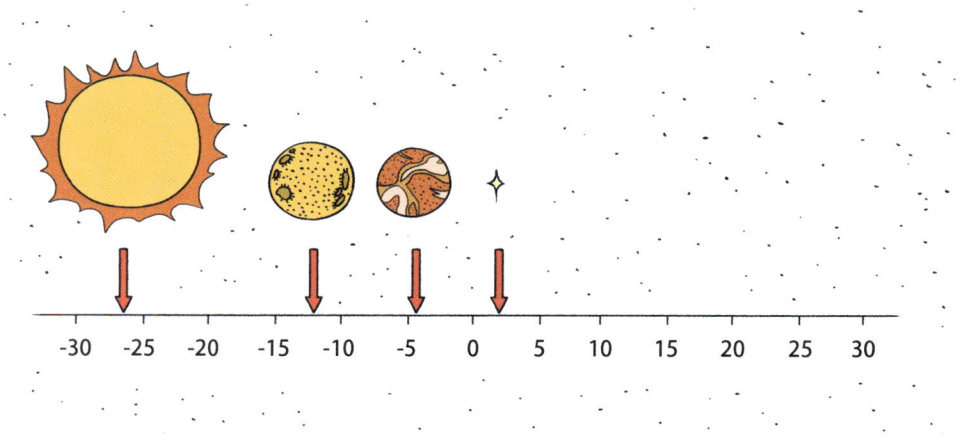

恒星的颜色各不相同，虽然用肉眼看起来，它们大多数发出白光、微黄光，但是有的恒星却能发出红色的光、蓝色的光。这是为什么呢？

因为每颗恒星的颜色是由其表面温度决定的。表面温度越低的恒星，其颜色越红；表面温度越高的恒星，其颜色越蓝。

太阳是橙红色的，它的表面温度在恒星里并不算高。天文学家将恒星的光谱类型分为7种：O、B、A、F、G、K、M，其中，O型恒星的表面温度可达数万摄氏度，M型恒星的表面温度也有 2000 ~ 3000℃。

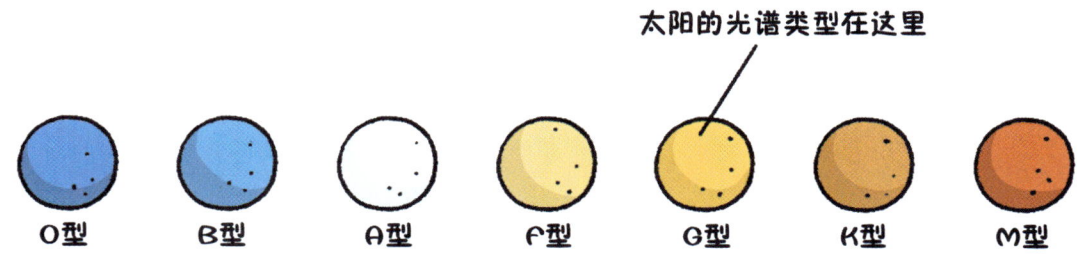

观测恒星

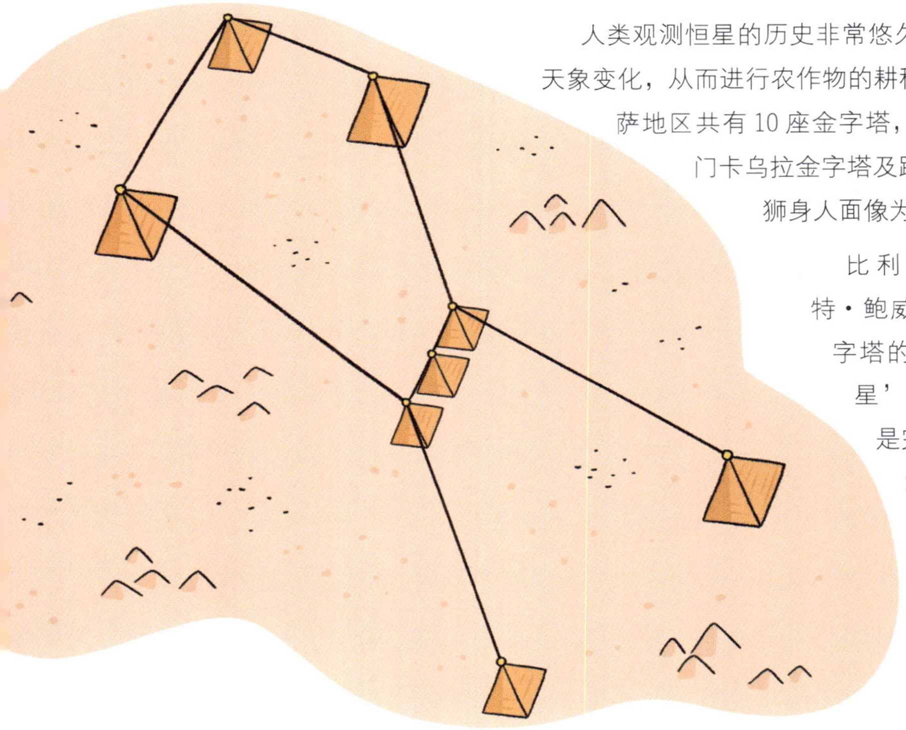

恒星是运动的,我们怎么观测它们的运动轨迹呢?

人类观测恒星的历史非常悠久。古埃及人用星图记录天象变化,从而进行农作物的耕种与收割。现在埃及的吉萨地区共有 10 座金字塔,其中以胡夫、哈夫拉、门卡乌拉金字塔及蹲伏在哈夫拉金字塔前的狮身人面像为整个组群的代表。

比利时埃及考古专家罗伯特·鲍威尔认为:"……地上金字塔的排列方式与'猎户座三星'的排列完全相同,而且是完美无缺的。当时在吉萨地区可以看见银河,而银河与尼罗河谷完全一样。"

古代的观星人会把恒星之间的形状想象成不同的动物、物体,并赋予它们神话故事,这就是"星座"的由来。

巨蛇座　　　巨蟹座　　　半人马座

天文学家为许多恒星取的名称直到今天还在使用，他们发明了许多天文仪器，可以测量和计算恒星的位置。猎户座中的Betelgeuse星，名为"参宿四"，它就是以阿拉伯文命名的，意思是"巨人的腋下"。

古代中国创造了属于中华民族的星象体系。古人将几个恒星归为一个组合，并为每个组合起了一个名称，这样的恒星组合被称为"星官"，人们以此为单位来观察它们的运动。在商代以前，占星术已经开始萌芽，商代的甲骨文就有不少有关天象的纪事。

猎户座

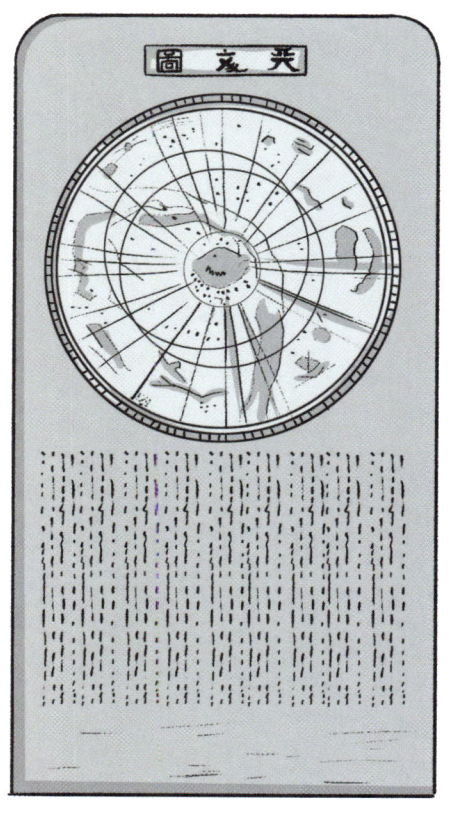

小贴士

《天文图》碑刻是南宋的一件文物。此石刻比较详细地描绘了天体形态，绘出了内规、外规、黄道、赤道、银河等内容。星图下部刻有介绍天文知识的文字，详细解释了地体、北极、南极、赤道、日、月、黄道、白道及现象。该图在世界天文史上有重要的科学价值。

恒星会进行核聚变，产生能量并向外传输，从表面辐射到外层空间。一旦核反应殆尽，恒星的生命就将结束。恒星的质量越大，寿命越短。大质量的恒星燃烧速度很快，可能几百万年就会死亡，中等质量的恒星燃烧速度相对缓慢，慢到可以燃烧数十亿年。

行星与卫星

行星通常是指自身不发光，围绕着恒星运转的天体。行星需要有一定的质量，其不能像恒星一样发生核聚变反应。

太阳系总共有八大行星，它们分别是水星、金星、地球、火星、木星、土星、天王星、海王星。

八大行星的内部构造相似，大部分由岩石、金属物质组成，木星、土星、天王星、海王星的组成部分除了岩石和金属物质，还有冰和气体。八大行星的形成时间、质量大小各不相同。比如木星就是太阳系八大行星中的"巨人"，被称为巨行星。

卫星是围绕一颗行星做周期性运行的天然天体，并且是按闭合轨道运行的。卫星不会发光，它们围绕行星运转，并跟随行星围绕恒星运转。随着科学技术的发展，人类已经掌握了制造"卫星"的能力，我们用运载火箭、航天飞机等工具将人造卫星发射到太空中，让它们围绕着地球或者其他行星运转，并通过这些人造卫星观测行星。

人类观测到天然卫星时，会根据它们运行的轨道、围绕的行星等为它们命名。比如火星的卫星，我们会叫它们火卫一、火卫二。

火星的两颗天然卫星在 1877 年由美国科学家阿萨夫·霍尔发现。两颗天然卫星的表面都布满了陨石坑。火卫一距离火星的距离比火卫二距离火星的距离要近，它围绕火星运行一个轨道周期的时间。

黑洞

在许多科幻电影里，我们能听见"黑洞"这个词。你思考过黑洞是什么吗？它是怎么形成的？为什么叫作黑洞？

黑洞在宇宙中是很特别的存在，它不发光，它的引力巨大，就连光照射过来也会被引力吸进去，困在其中，"黑洞"可谓名副其实。

天文学家在北京时间2019年4月10日，向全世界公布了人类有史以来的首张黑洞照片。该照片展示了由几个国家共同合作拍摄的M87星系中心的黑洞。

大多数黑洞是由宇宙中演化末期的恒星变成超新星后爆发产生的。黑洞的大小不一，有的黑洞比太阳大几倍，有的黑洞比太阳大几千倍。

有的科学家认为，所有掉入黑洞的物质都会堆积到中心的某个点上，这个点叫作"奇点"。

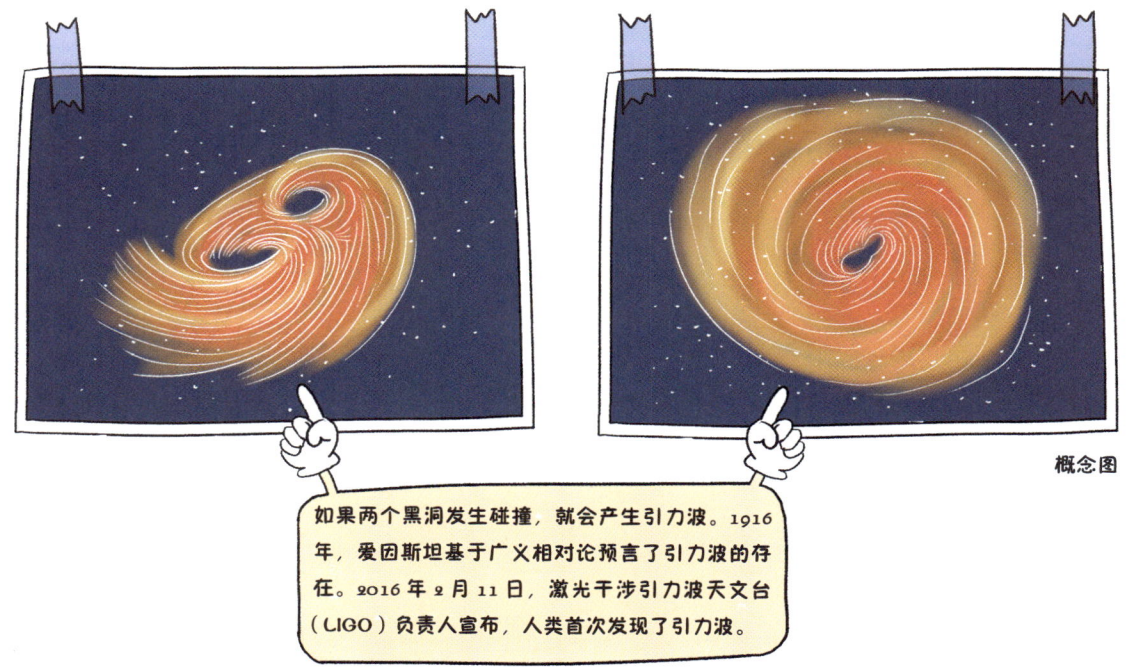

概念图

如果两个黑洞发生碰撞，就会产生引力波。1916年，爱因斯坦基于广义相对论预言了引力波的存在。2016年2月11日，激光干涉引力波天文台（LIGO）负责人宣布，人类首次发现了引力波。

巨大的引力使黑洞的空间和时间产生扭曲，我们所学的物理知识不适用于黑洞。

一些天文学家认为，所有黑洞的内部结构都是一样的。奇点为黑洞的中心，在奇点的周围有一种无形的边界——视界。已知任何物质都无法从视界范围内逃脱，所以人类无法观测黑洞内部的奇点到底是什么。

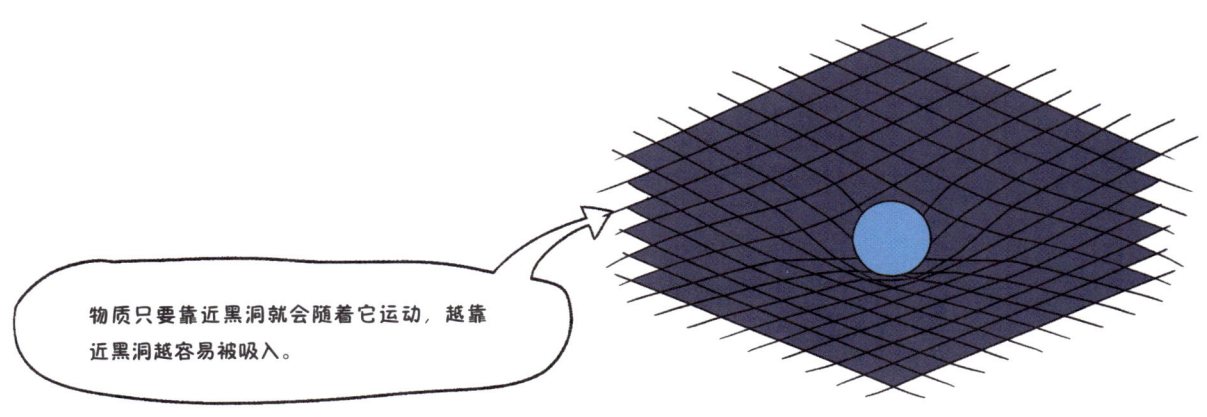

物质只要靠近黑洞就会随着它运动，越靠近黑洞越容易被吸入。

关于黑洞的设想，科学家认为，黑洞可能是进入另一个宇宙的隧道，只要人类像建造人造卫星一样建造一个人造黑洞——虫洞，制造出反引力的物质，我们就能到达宇宙的另一头。不过，这只是科学家提出的假想。

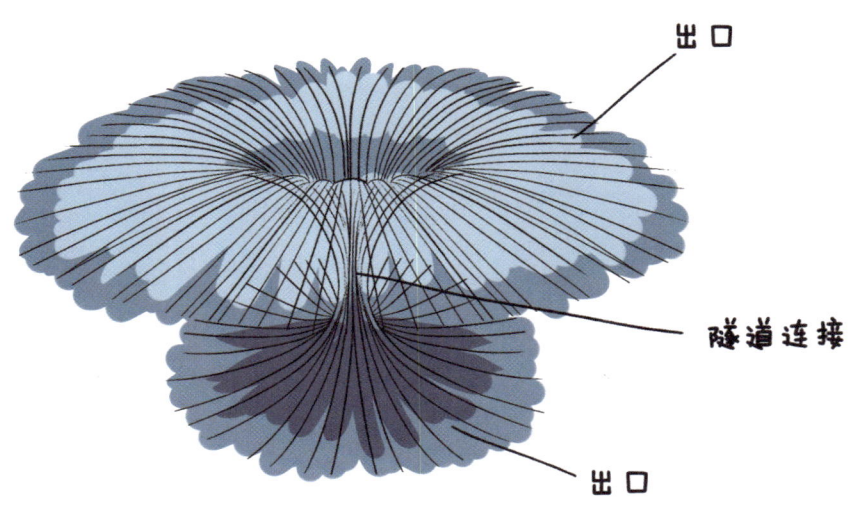

出口

隧道连接

出口

第一章　我们身处的宇宙　15

太阳系

顾名思义，太阳系是宇宙中以太阳为中心，受太阳引力影响的天体系统，其中包括八大行星、被观测到的上百颗天然卫星，以及数不清的小行星和彗星。

太阳系并不在银河系的中央，相反，太阳系在银河系的宜居带中，距离银心不远也不近。

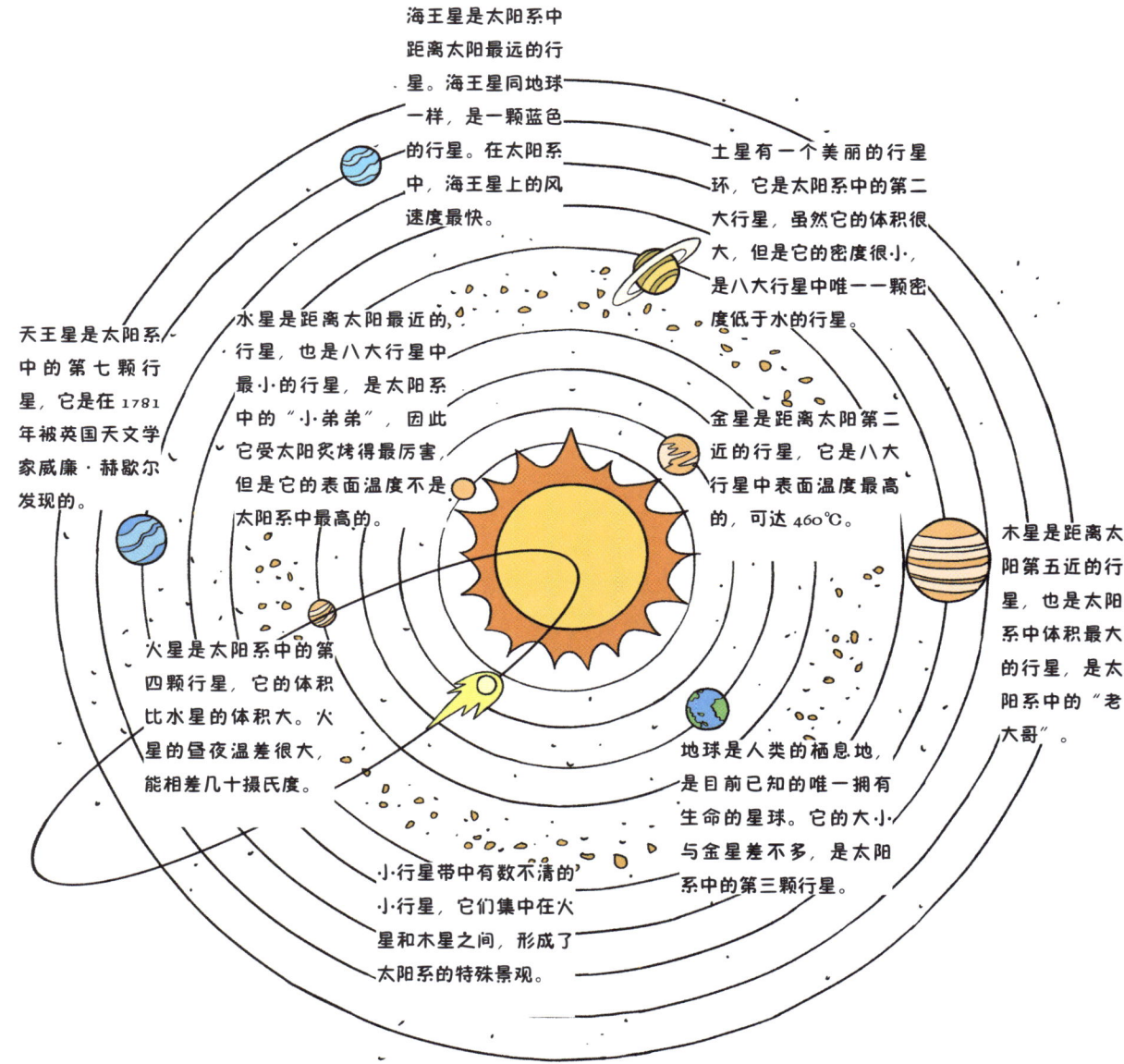

太阳"母亲"

如果说太阳系是个"家族",那么太阳就是我们的"母亲",它是太阳系的中心天体,是距离我们最近的恒星,它会发光、发热。

在银河系内的上千亿颗恒星中,太阳只是一颗普通的恒星,但是对于我们来说,它却是最重要的一颗恒星。

太阳是一个表面温度几千摄氏度,核心温度达到上千万摄氏度的热气体球。组成太阳的主要元素是氢和氦。

太阳具有很强的引力,能把太阳系中所有的行星紧紧吸引在一起,使它们井然有序地围绕着自己旋转。同时,太阳带着太阳系中的全部行星围绕着银心运动。

太阳核心(核反应区,又称"日核""核心区"是太阳系内温度最高的场所,它向周围释放能量,为太阳加热。

光球层是我们肉眼能看到的太阳表面,光球层的温度比太阳核心的温度低得多。

色球层包围在光球层之外,它是玫红色的,但是我们不太容易看到它。当发生日全食时,太阳完全被月球遮住,此时,地球上"黑夜"会突然来临,在那个"黑太阳"的周围有一圈红色的光环,这就是太阳的色球层。

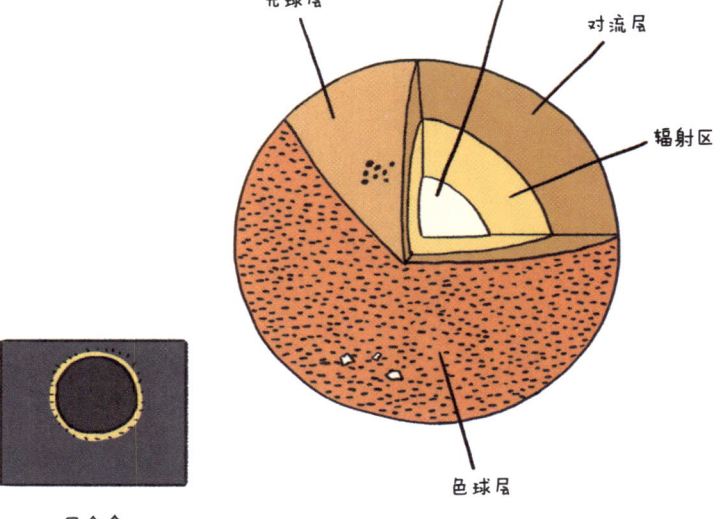

日全食

第一章 我们身处的宇宙 17

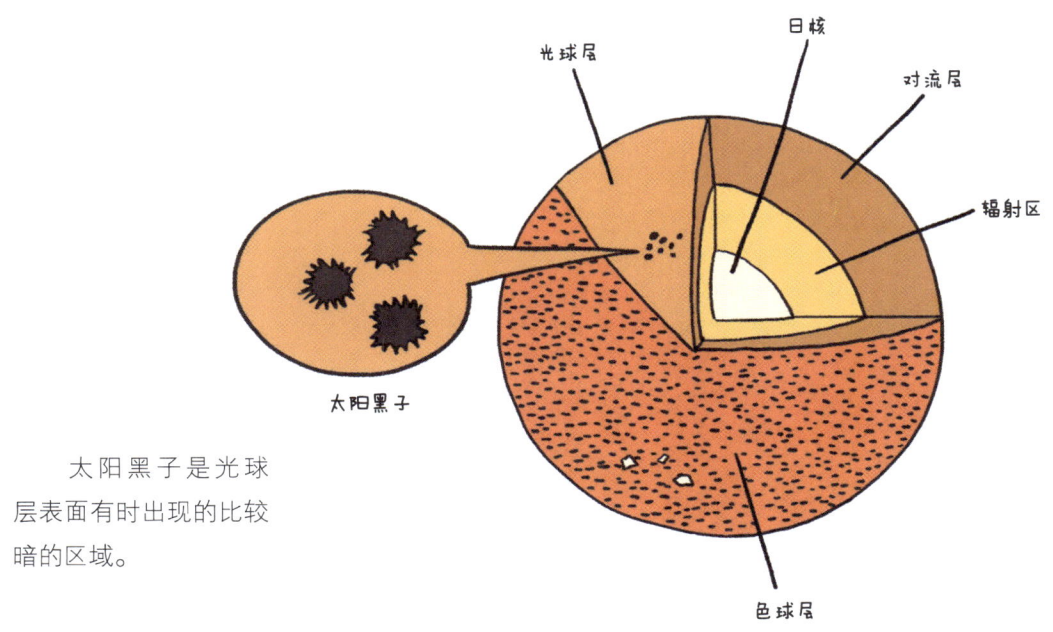

太阳黑子是光球层表面有时出现的比较暗的区域。

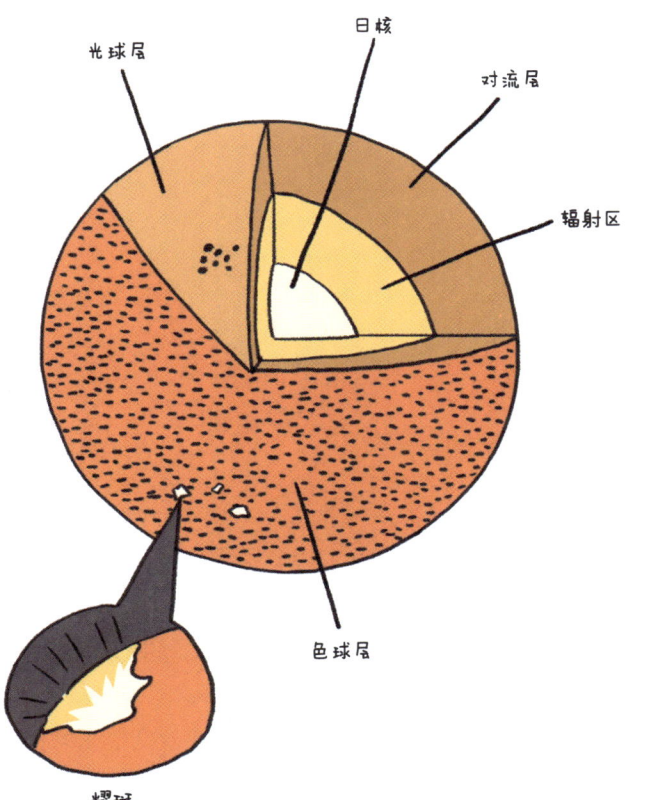

日冕层是太阳大气最外面的一层，它的温度极高，能达到100万摄氏度，但是它的亮度很低，也是平时看不见，只有日全食时才能直接观察到。

太阳耀斑是发生在太阳大气局部区域的一种最剧烈的爆发现象，它可以使太阳的某个地方突然变亮，几分钟或几十分钟之后就会消失。耀斑释放的能量是巨大的，瞬间的爆发使它的温度可以达到1000万℃。

水星

水星真的是水做的吗？答案是"不是"。

水星是太阳系八大行星中最靠近太阳的行星，也是其中最小的行星。水星的上空飘浮着大气，但十分稀薄，几乎可以忽略不计。正因为如此，水星的昼夜温差非常大，在白天受太阳直射时气温可达到 430℃，而到了夜晚，水星的气温可以骤降到 −180℃。

因为只有一些稀薄的大气，所以水星上的天气变化不明显，没有足够的气体来形成风、云。

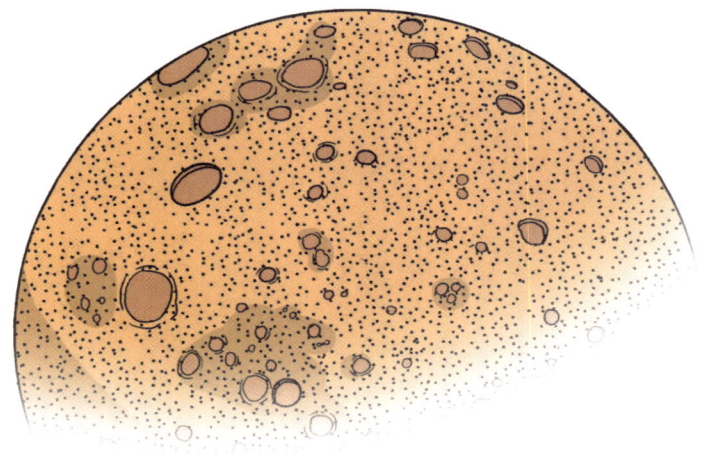

1973 年，美国国家航空航天局（NASA）发射了人类第一个执行双星探测任务的飞行器"水手 10 号"，该探测器于 1974 年到 1975 年三次飞掠水星，并传回了珍贵的数据。

天文学家认为，水星曾受到十分严重的陨石撞击，在水星的表面留下了大大小小的陨石坑，从而形成了水星各种各样的地貌：环形山、大平原、盆地、断崖……其中的卡路里盆地直径超过了 1500 千米，比北京到湖南长沙的距离还要远一点。

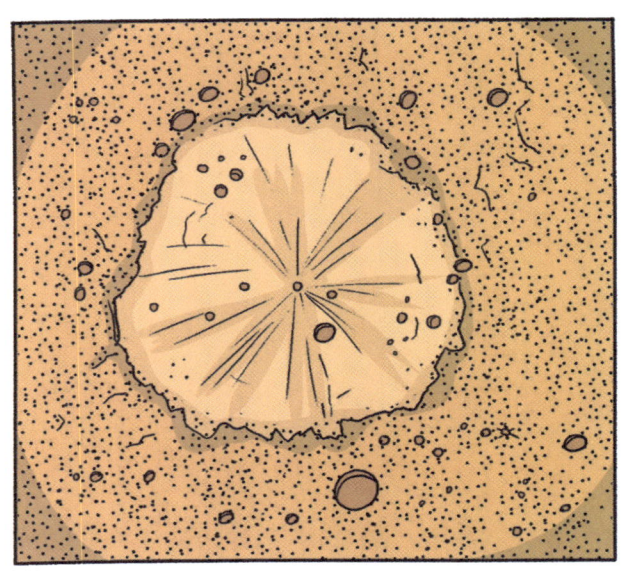

如果用人类的计时方法计算，水星需要约 59 天才能完成一次自转。它的公转速度非常快，只需要约 88 天就能绕太阳公转一周。

尽管水星很小，但是它的结构很神奇。水星大部分由金属物质组成，还包括硅酸盐。水星的中心有一个巨大的铁核。水星的密度非常大，在太阳系中排第二，仅次于地球。

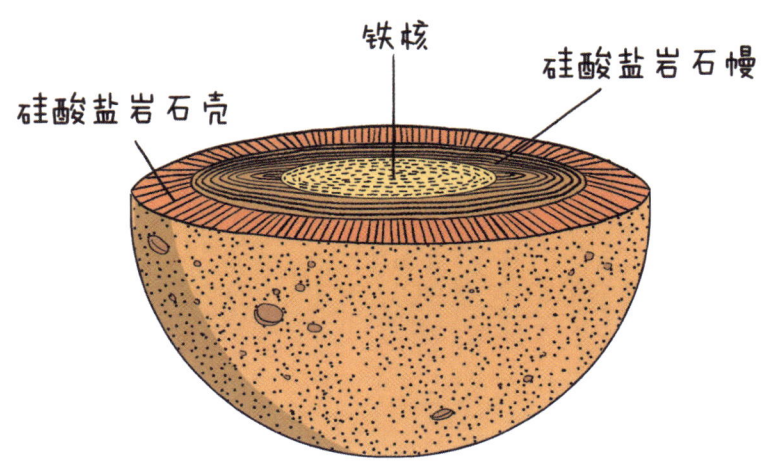

水星没有天然卫星。水星上的引力非常小，只有地球引力的约 38%，如果我们在水星上，就会发现自己能轻而易举地做运动。

去水星看一看

在过去,人们发现每隔几年就能看到太阳上有一个小黑点,从一侧运行到另一侧,这就是水星凌日。

水星凌日的原理和日食相似,是当太阳、水星、地球处在同一条直线上时,人类观测到的特殊的天文现象。

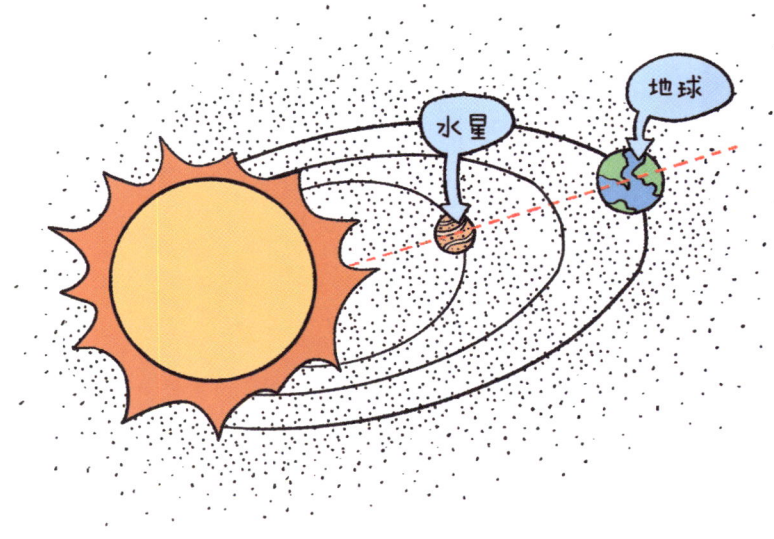

2004年8月,美国国家航空航天局发射了名为"信使号"的水星探测卫星。2011年,"信使号"正式进入水星的轨道,并传回大量重要数据。

在人类历史上,第一次预告水星凌日的是德国天文学家约翰尼斯·开普勒。他在1629年预言:1631年11月7日将发生稀奇的天象——水星凌日。当日,法国天文学家加桑迪在巴黎亲眼看见有个小黑点(水星)在日面上由东向西徐徐移动。

第一章 我们身处的宇宙　21

因为距离太阳太近，太阳对它的引力太大，水星便成了八大行星中人造探测器最难到达的星球，因此人类对水星的探索非常少。

1973年，美国国家航空航天局发射了人类第一颗双星探测器"水手10号"，这颗探测器的设计目标是飞越金星和水星两大行星。"水手10号"拍摄了人类历史上首张水星的照片（多张照片合成）。

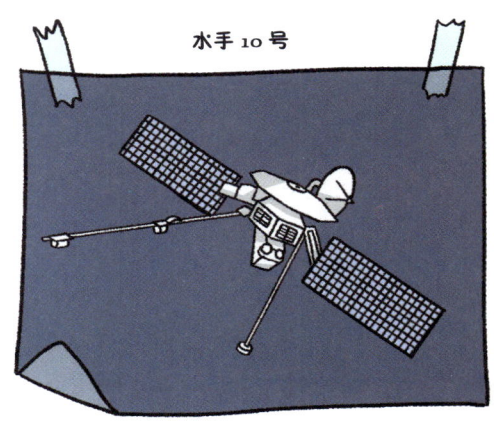

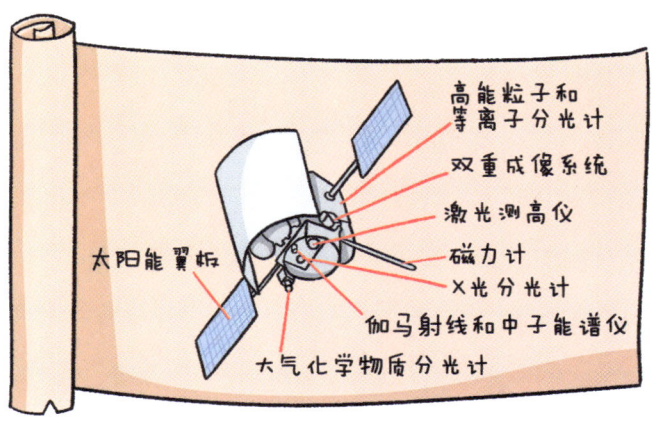

2004年8月，美国国家航空航天局发射了前往水星的探测卫星"信使号"。它在2011年3月进入绕行水星的轨道，这是世界上第一个进入水星轨道的空间探测器。

"信使号"在绕行水星的过程中，不断向地球发送拍摄到的水星照片，传送水星相关数据。它是人类研究水星的重要工具。

"信使号"不仅传回了前所未有的水星的高清照片，还探测到水星上也许存在水冰。

2015年4月30日，"信使号"结束使命，通过硬着陆的方式撞击水星表面。它永远留在了水星上。

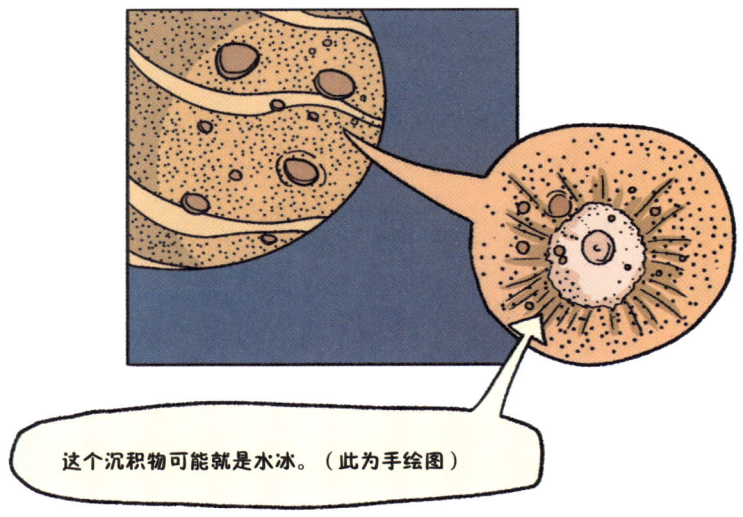

金星

在太阳系的八大行星中，金星是从太阳向外数的第二颗行星，也是太阳系中温度最高的行星，其表面平均气温能达到460℃。

金星在体积和质量上与地球十分相似，常被称为地球的姊妹星。但是金星上没有地球上的美好环境，金星十分昏暗，从天文望远镜里看金星，我们会发现有一层厚厚的大气层笼罩着它。我们看不清它的地表，也无法获取更多的信息。

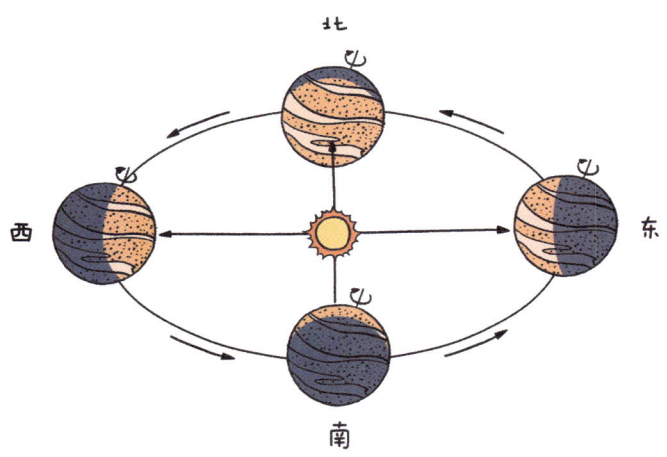

金星的公转速度约为每秒35千米，大约224.7天绕着太阳转一圈。金星的自转周期为243天，它的自转方向与大多数行星相反，是按照顺时针进行的。从金星上瞭望太阳，你可以看到太阳从西方升起，从东方落下。

金星的引力与地球的引力十分相似，如果地球的引力为1的话，那么金星的引力约为0.9。

根据科学家推算，金星的内核是由铁和镍等物质组成的，中间的一层为硅、氧、铁、镁等化合物组成的像岩石一样的幔，最外面的一层主要是由硅化物组成的很薄的壳。

在古代中国金星被称为"太白"，早上出现于东方时叫"启明星"或"晓星"，傍晚出现于西方时叫"长庚"。因为它非常明亮，最能引起富于想象力的古人的联想，所以有关它的传说特别多。在《西游记》中，太白金星就是一个多次和孙悟空打交道的老头。

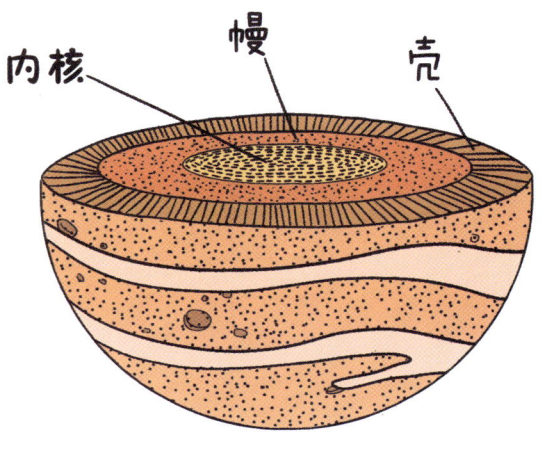

第一章　我们身处的宇宙　23

金星到底什么样

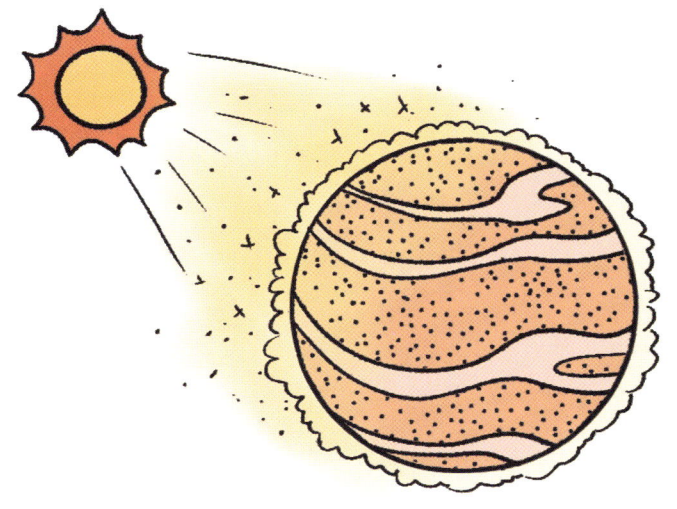

金星被厚厚的大气层包裹着,大气层掩盖了它的"真身"。

金星的大气层主要由二氧化碳和会腐蚀物体的硫酸云团组成。这也是金星地表温度相较于其他几大行星非常高的原因——二氧化碳是一种温室气体,照射到金星上的太阳光大部分被它吸收了,使金星地表保持了高温。

金星上已发现的大型火山和火山特征有1600多处,此外还有无数的小火山,金星是太阳系中拥有火山数量最多的行星。与地球上的火山一样,金星上的火山有火山口,有火山爆发后熔岩留下的痕迹。不过和地球上的火山不同的是,金星上的大部分火山已经熄灭。

由计算机绘制的玛亚特火山(此为手绘图)

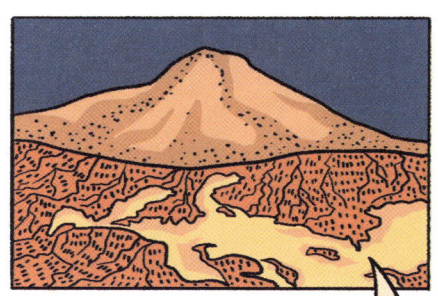

和地球一样,金星上也有连绵不绝的山脉。目前已公布的资料显示,麦克斯韦山脉是金星表面最高的山脉,高度超过金星地表1.1万米。

金星没有天然卫星。

因为金星和地球实在太像了，所以人类对它的探索非常多。

1970年年底，苏联探测器"金星7号"穿越了金星浓密的大气层，经受住了灼热的高温，成为第一个在金星表面着陆的人类探测器。

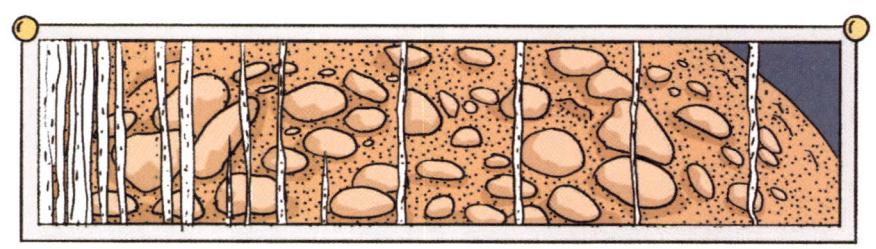

1975年，苏联探测器"金星9号"拍摄到金星的表面布满岩石（此为手绘图）

1978年，苏联发射了"金星11号"和"金星12号"，两者均在同年年底于金星上成功实现软着陆，其中，"金星11号"探测器向地球传回了95分钟的探测数据。

1982年3月，苏联探测器"金星13号"和"金星14号"分别成功着陆金星表面，工作了超出预期的时间，采集到了岩石标本，首次对金星样本进行了分析。其中，"金星13号"向地球发回了第一张金星表面的彩色照片。

1989年5月，美国国家航空航天局发射了"麦哲伦号"金星探测器，它于1990年8月到达金星，收集到了超过90%的金星表面的数据，并绘制出了完整的金星图像。

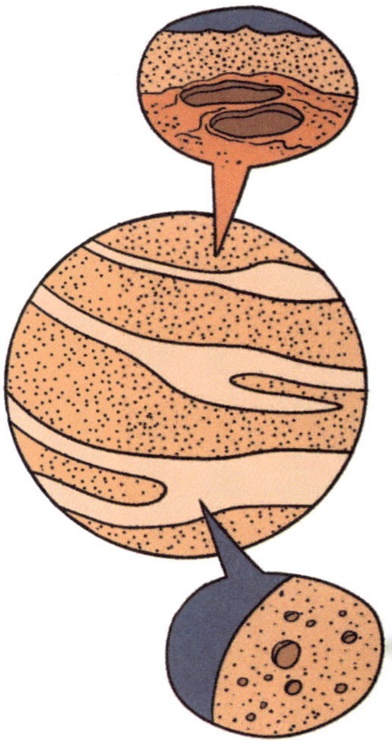

金星上的火山口与环形山
（此为手绘图）

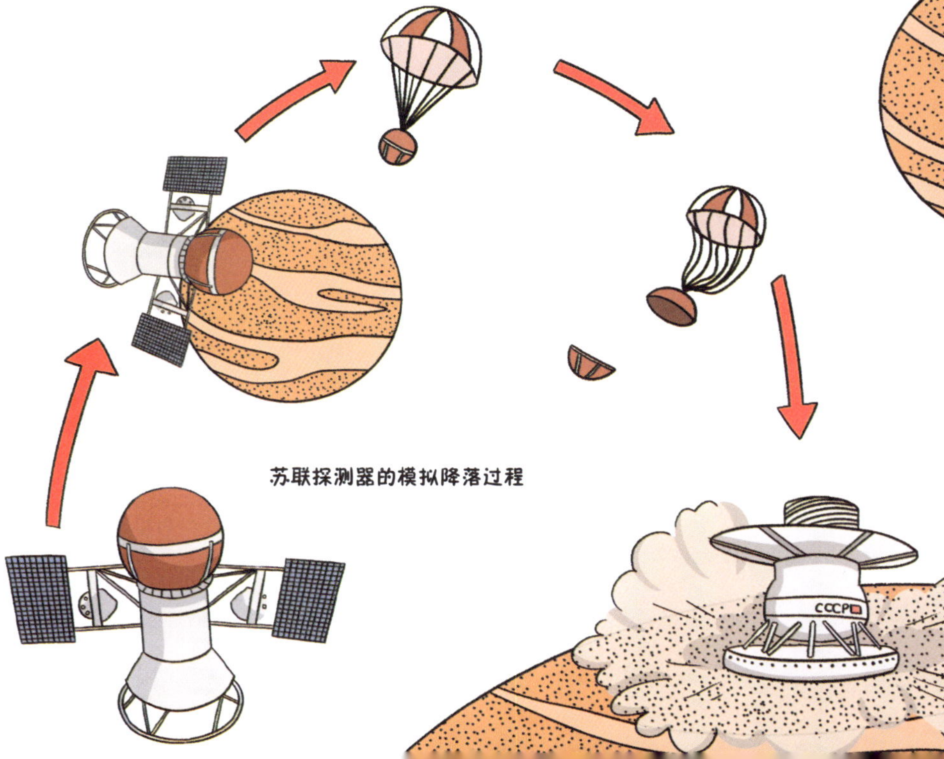

苏联探测器的模拟降落过程

火星上真的有火吗

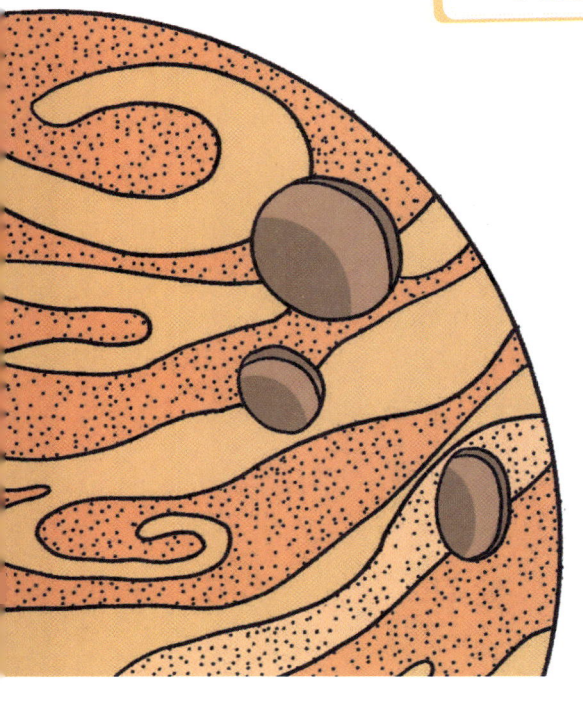

火星是距离太阳第四近的行星，也是备受人类关注的行星。许多科幻片都喜欢将火星描述为人类的新栖息地。那么火星真的适合人类居住吗？火星上到底是什么样子的呢？

就像火星的名字一样，火星是一颗红色的行星。在晴朗的夜晚，人们用肉眼就可以看到火星。

火星的公转速度很慢，需要约 687 天才能绕太阳运行一周，火星的自转速度与地球的自转速度非常接近，火星上的一天约为 24.5 小时，比地球自转一天的时间略长。由于火星的自转轴倾角约为 25.2°，与地球相似，所以它和地球一样，一年也有 4 个季节，只是每个季节的时间都比地球上的季节的时间长。

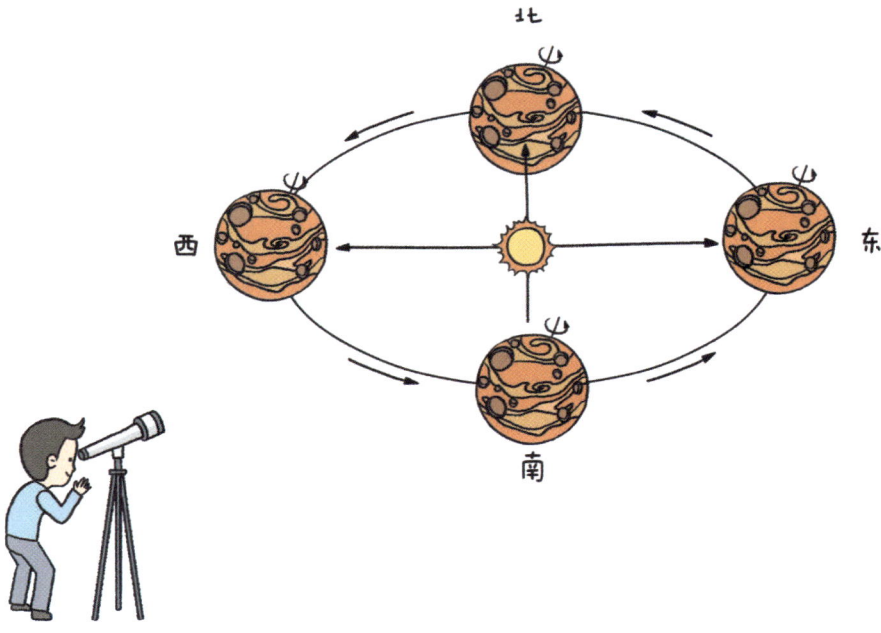

火星的引力比地球小很多，其引力只有地球引力的约38%。请你想一想，人站上去会怎么样呢？

科学家认为，火星的内核可能是由铁构成的，它的外层是由硅酸盐材料组成的岩石幔，最外层是薄薄的壳子。火星的上空有一个非常稀薄的大气层，由二氧化碳、氮气、氧气、一氧化碳等组成，其中二氧化碳的体积占比为95.32%，而氧气的体积只占0.13%。所以航天员要想去火星探索未知的秘密，必须穿上厚厚的航天服才行。

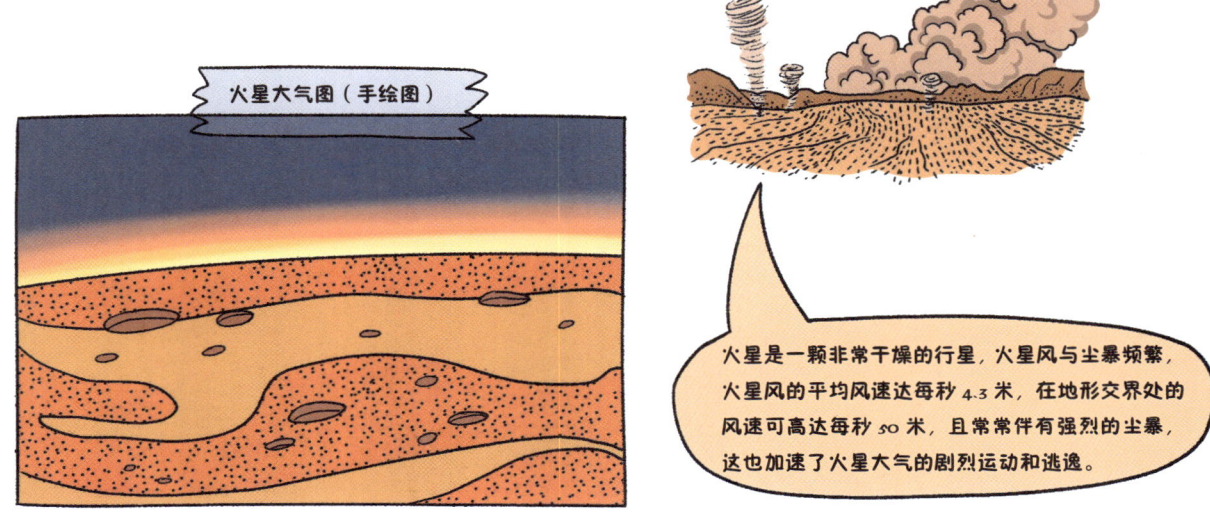

虽然火星的名字带"火"，但是火星上非常寒冷。它的表面温度最低可低至−125℃，是我们人类无法承受的温度。在太阳照射的时候，距离太阳最远的地方和最近的地方的温差能超过150℃。

有的人会问，为什么地球上没有这样极端的天气呢？原因有很多种，其中之一是，地球的公转轨道几乎是圆形的，而火星的公转轨道是椭圆形的，因此它和太阳之间的距离的变化更大，温差就更大了。

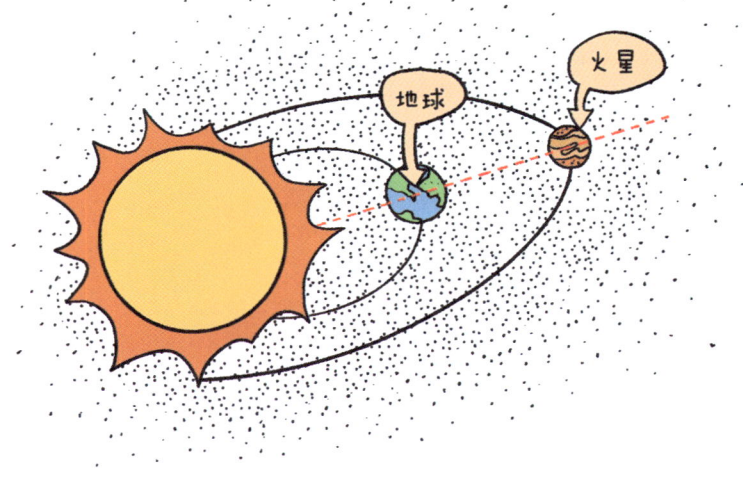

第一章 我们身处的宇宙 27

火星上会有生命吗

我们站在地球上，用普通的 15 厘米口径的望远镜就能看清楚火星。

和水星相似，火星的表面也布满了大大小小的陨石坑，但是火星最大的地表特征是荒漠化。通过分析探测器采集到的数据，科学家得出了火星上没有植被的结论。

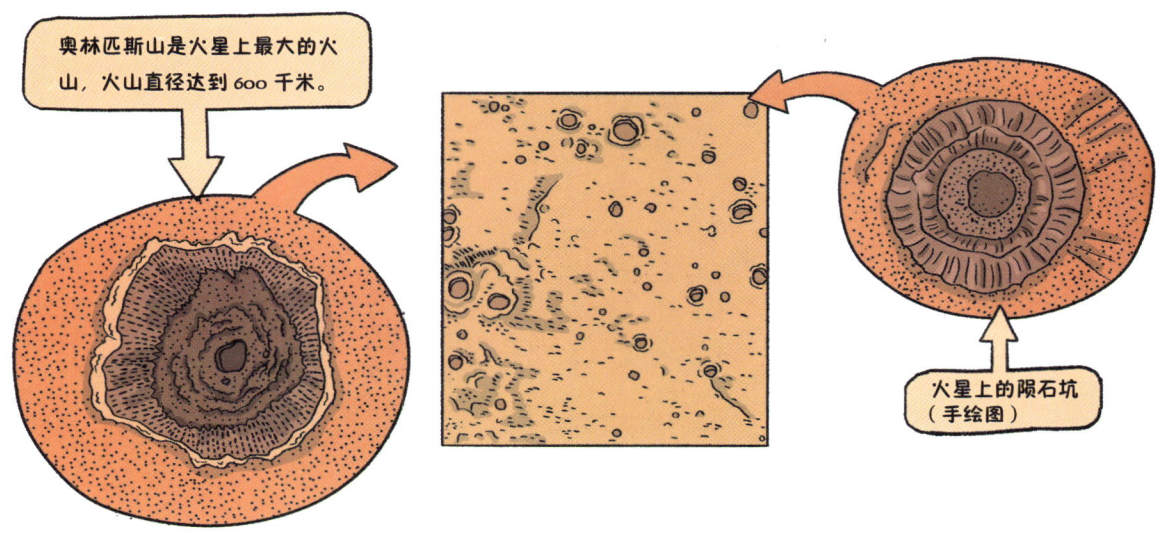

尽管现在的火星地表是一片荒漠，但是科学家认为火星上曾经存在水。在火星上不同的地方，其表面存在着不同的槽道，而槽道就是水流过的痕迹。

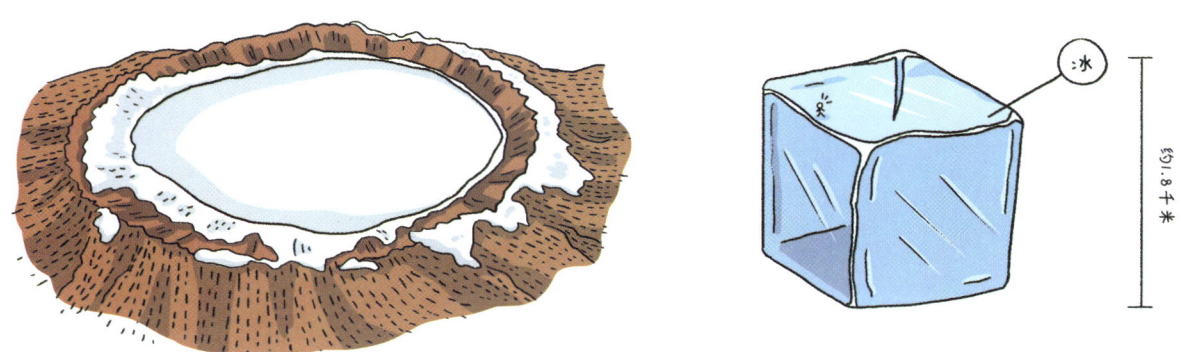

科罗廖夫陨石坑（手绘图）含有约 1.8 千米厚的水冰

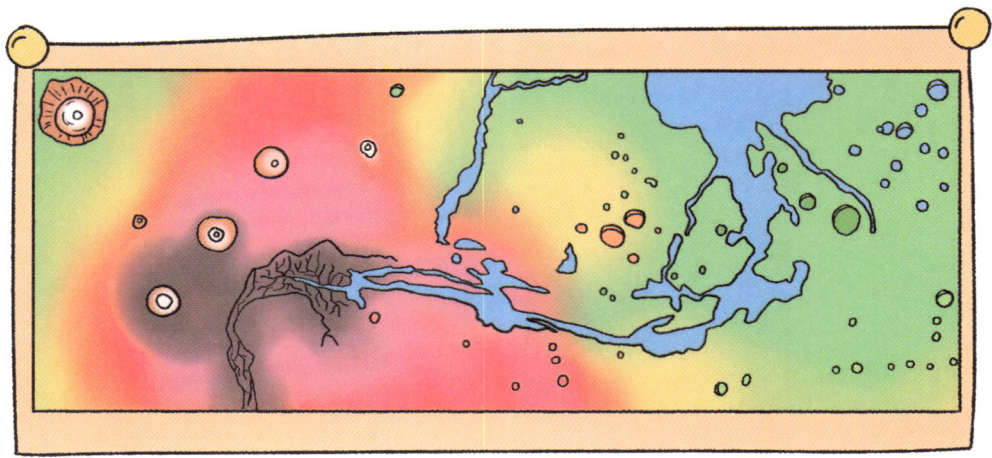

火星上的冲积平原（此为手绘图）

我们都知道，水是生命之源。既然火星上存在水，那么火星上有生命吗？或者说火星上有过生命吗？

根据火星车传回的数据，美国国家航空航天局认为，火星上曾经出现过生命存在的环境。在一个古代河床的沉积岩样本中，火星车通过对岩石进行分析，发现了硫、氢、氧、碳等元素，其中一些是形成生命所需要的元素。

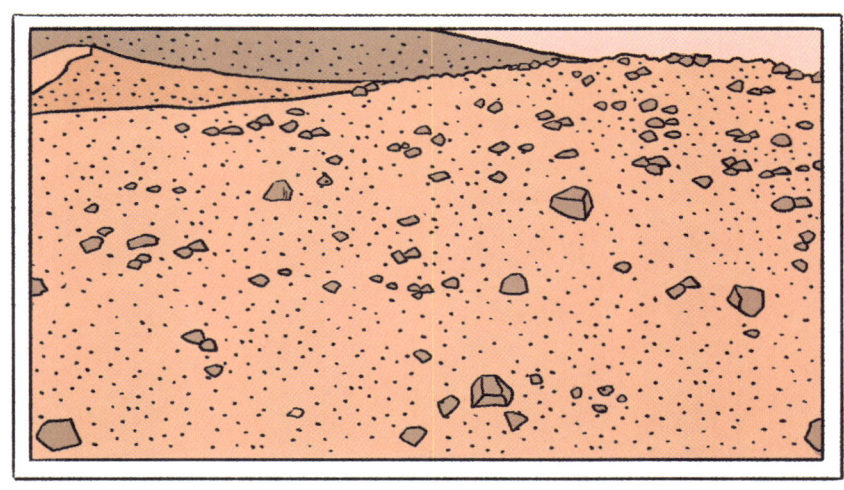

"勇气号"着陆器拍摄的火星地表（此为手绘图）

中国火星探测工程

中国对火星的观测十分早,这颗荧荧如火、飘忽不定的星星被我们的祖先称为"荧惑"。

2011年,中国第一颗火星探测器"萤火一号"与俄罗斯的采样返回探测器一起搭乘俄罗斯运载火箭发射升空,中国正式开启了对火星的探索。可惜这次发射失败了。

2020年,中国继续向火星发起挑战。7月23日,"天问一号"火星探测器在文昌航天发射场升空,开启了中国人自主探测火星之旅。经过近7个月的漫长飞行,"天问一号"终于在2021年2月到达火星附近,并在5月实现了火星表面软着陆。

中国发射"天问一号"

"天问一号"的自拍

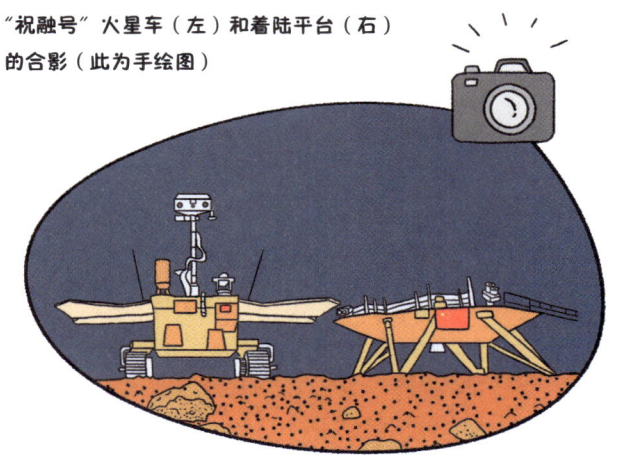

"祝融号"火星车(左)和着陆平台(右)的合影(此为手绘图)

"天问一号"携带"祝融号"火星车,在登陆火星后,对火星的表面形貌、土壤特性、物质成分、水冰、大气、电离层、磁场等进行了科学探测,源源不断地为我们带来新的科学发现。

2021年2月5日20时,"天问一号"探测器发动机点火工作,完成第四次轨道中途修正,以确保按计划实施火星捕获。中国国家航天局(CNSA)同步公布了"天问一号"传回的首幅火星图像。

2021年6月7日,中国国家航天局发布了"天问一号"任务着陆区域高分影像图。影像图中的着陆平台、"祝融号"火星车及周边区域的情况清晰可见。影像图右上角有两处明显亮斑,靠近上方的亮斑由两个亮点组成,较大的亮点为着陆平台,较小的亮点为"祝融号"火星车。

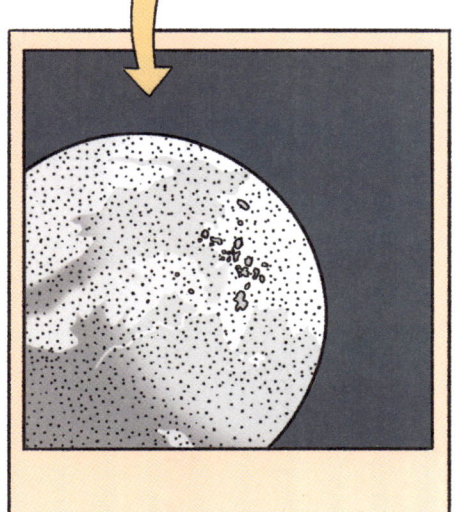

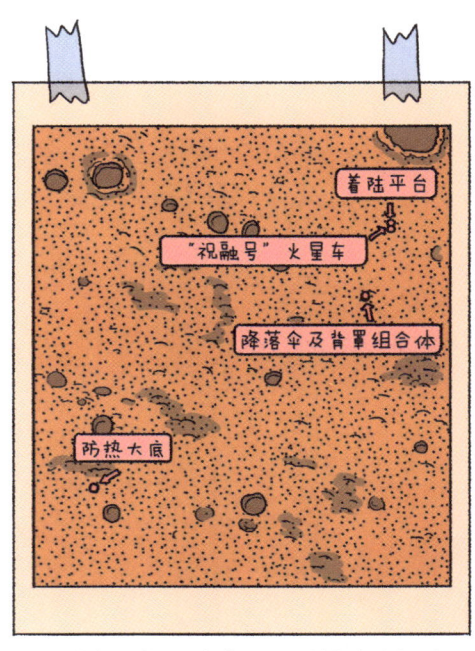

"天问一号"任务着陆区域影像(手绘图)

为什么叫"天问一号"?

"天问一号"的名称来源于中国古代爱国主义诗人屈原的长诗《天问》,中国古代的先辈们曾不止一次问道:"宇宙从何而来?"他们一次又一次地仰望星空,做出了浪漫的联想。"天问一号"承载了中华民族最浪漫而真诚的夙愿,它飞向火星、飞向太空,跨出了中国人了解宇宙、探索宇宙的关键一步。

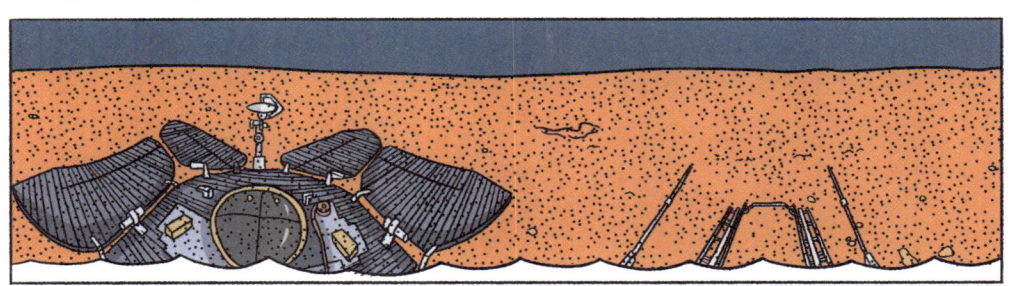

着陆点全景图(手绘图)

"路漫漫其修远兮,吾将上下而求索。"这是诗人屈原在《离骚》中留给我们的。我们对太空的探索漫长、孤独而又充满希望。

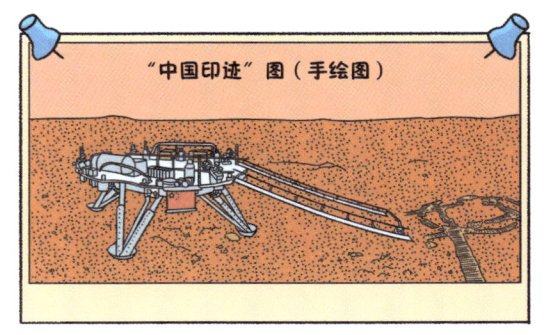

"中国印迹"图(手绘图)

第一章 我们身处的宇宙 31

行星之王——木星

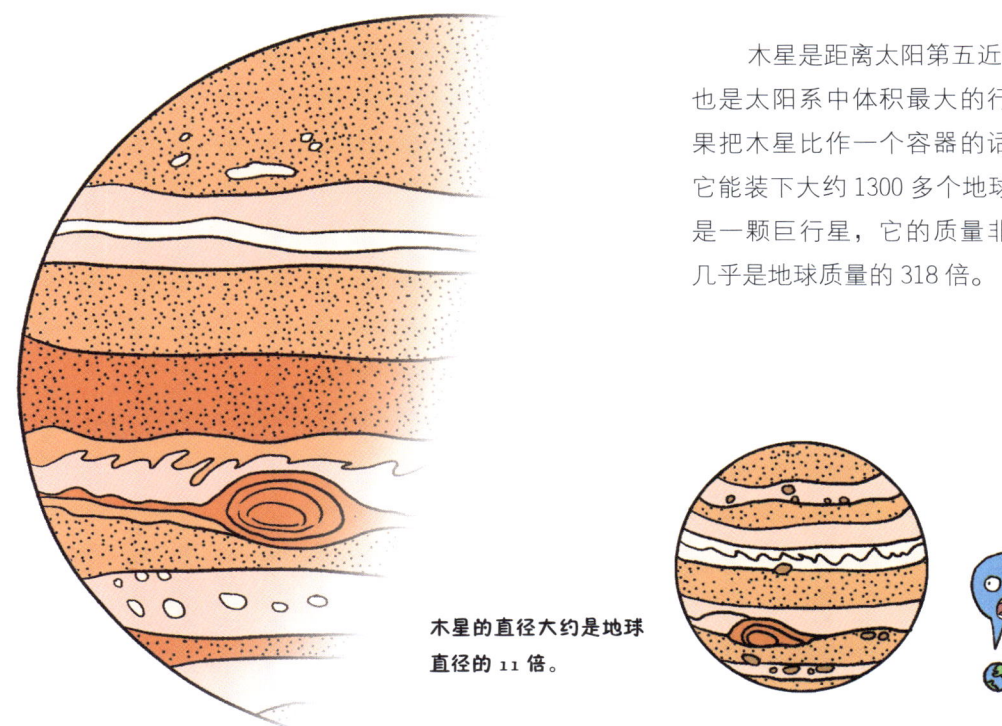

木星是距离太阳第五近的行星，也是太阳系中体积最大的行星。如果把木星比作一个容器的话，那么它能装下大约1300多个地球。木星是一颗巨行星，它的质量非常大，几乎是地球质量的318倍。

木星的直径大约是地球直径的11倍。

地球上的人在晴朗的夜晚用肉眼能看见木星；在充足的条件下，在白天偶尔能看见木星。木星的表面有一些规则的纹路，看起来十分美丽。

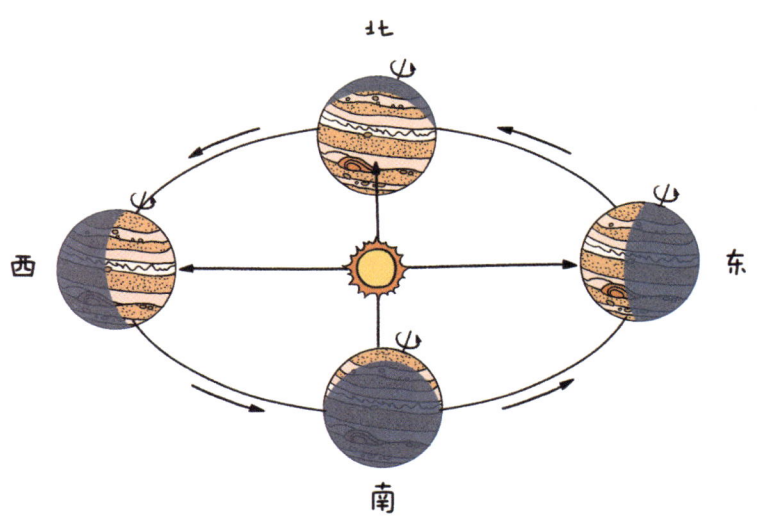

木星的引力非常强，它的自转周期非常短，只需要大约 9 小时 50 分钟就能自转一周。不过它的公转速度非常慢，大约需要 11.86 年才能绕太阳运行一周。

木星是一颗气态行星，虽然看起来非常大，但是科学家经过计算，推测它只拥有一个相对它自身体积来说比较小的岩石核，其他部分全是气体和液体。木星的气体是由氢和氦等元素组成的，压强非常大。所以，如果你想去木星的话，是没有办法着陆的，因为它没有固体表面，你的双脚无法站在木星上。

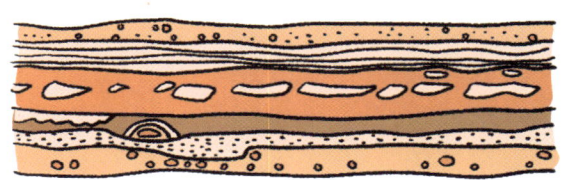

木星表面的纹路（手绘图）

既然木星是一个"气球"，那么为什么木星的表面看起来像多彩岩石一样呢？这是因为木星的大气中含有许多化合物，这些化合物会产生不同的颜色，而木星表面的条纹实际上是沿着纬线方向横扫这颗行星的大气环流造成的，所以，它看起来五彩斑斓。

木星是一颗能够释放热量的行星。它的内部存在热源，所释放的热量比它从太阳接收的热量还要多。科学家认为，如果木星的质量足够大的话，那么它内部的热量就会引发氢聚变，使木星成为一颗像太阳一样的恒星。

不过木星的体积并不会变大，相反它每年都会收缩。

木星云层的温度能低至 −145℃。

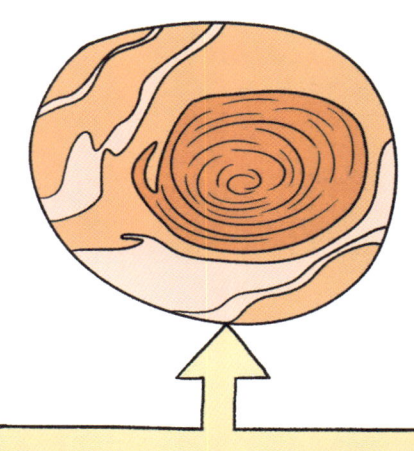

从 17 世纪第一次被观测到后，木星上空这个巨大风暴已经不停歇地"咆哮"了 300 多年。它被命名为"大红斑"，就像一个旋涡，又像一只眼睛，高高地飘浮在木星的大气中。

"我"的卫星有很多

木星是太阳系中拥有天然卫星最多的行星。2023年2月,国际天文学联合会小行星观测中心把12颗新发现的天体列入木星卫星列表,宣告木星卫星总数增至92颗。

在这些天然卫星中,备受关注的是伽利略卫星。

伽利略卫星是木星的4颗卫星的统一称呼,它们在1610年被意大利天文学家伽利略·伽利雷用望远镜发现。人们按照卫星与木星的距离将它们划分为木卫一、木卫二、木卫三和木卫四。它们被分别命名为"艾奥"(Io)、"欧罗巴"(Europa)、"盖尼米得"(Ganymede)和"卡里斯托"(Callisto)。

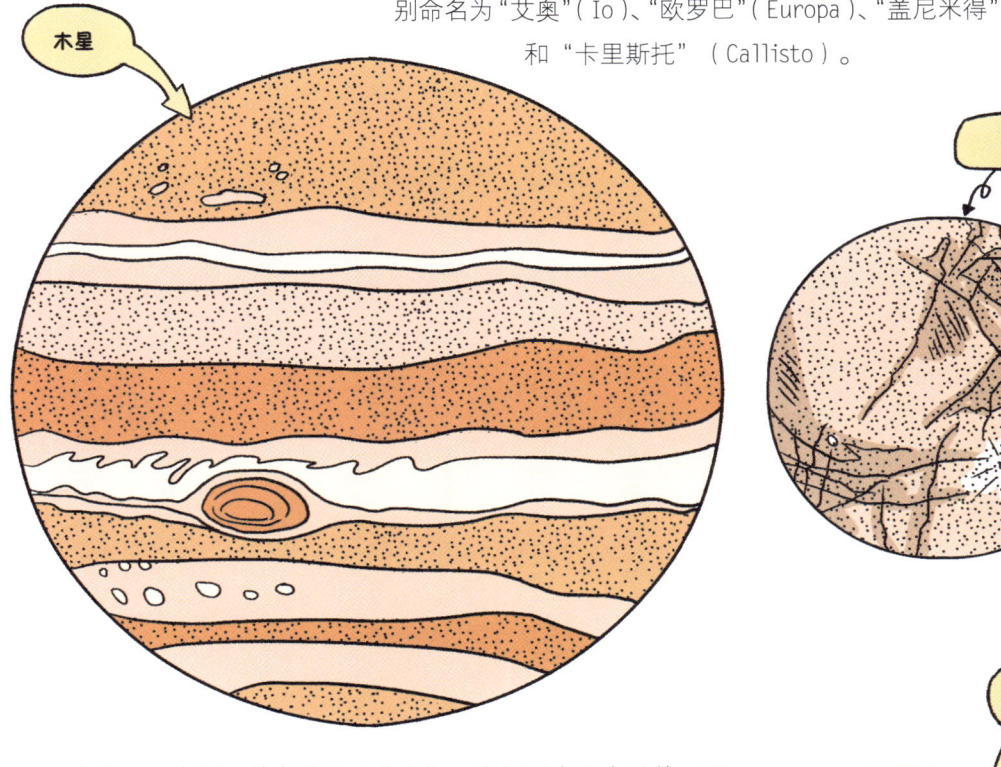

木卫一:木卫一的名称是"艾奥",它是最靠近木星的一颗伽利略卫星,是木星较大的一颗卫星。它有一层薄薄的大气层,主要成分为二氧化硫。

木卫一的表面环境极其恶劣,由硅酸盐熔岩构成,其上星罗棋布着几百座活火山。正是因为火山众多,所以木卫一的地表不断发生着变化。木卫一的环形山并不多。

木卫一的硫及其化合物会随着温度的变化呈现出多种不同的颜色,造就了木卫一独特多变的外观。

木卫二：木卫二的名称是"欧罗巴"，它也是伽利略·伽利雷发现的。与木卫一相比，木卫二显得格外温和和美丽。木卫二的直径与月球很接近。它的表面是光滑的冰，厚厚的冰层下可能存在一片海洋。木卫二还拥有一层稀薄的含氧大气层，这使人们产生了无限遐想——地球的海洋孕育了无数生命，那么在木卫二的地下海洋里，会不会有生命呢？

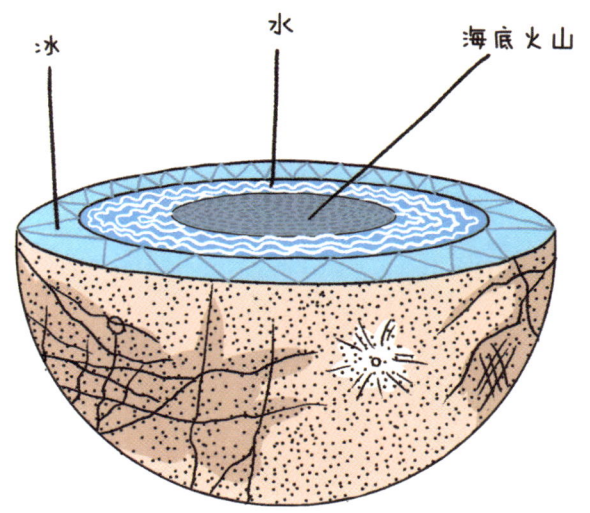

2021年7月26日，美国国家航空航天局对外宣布，研究人员通过查看哈勃太空望远镜过去20年来的数据，发现木卫三稀薄的大气中存在水蒸气。

木卫三：木卫三的名称是"盖尼米得"，它是目前已知的太阳系中最大的天然卫星，体积比水星还要大。木卫三主要由硅酸盐岩石和冰体构成。科学家认为木卫三和木卫二一样，冰层下面可能有一片海洋，而且木卫三拥有一个富含铁的、流动性的内核。

木卫三拥有自己的磁圈，也拥有一层稀薄的含氧大气层。

木卫四：伽利略·伽利雷发现的第四颗木星的天然卫星被命名为"卡里斯托"。它是目前已知的太阳系中的第三大卫星，也是木星的第二大卫星。

木卫四是木星的同步自转卫星，也就是说，它永远都以同一个面朝向木星。如果你站在木星上观测这颗卫星，就会发现它始终都用"一张脸"面对着你。木卫四上面布满了陨石坑。

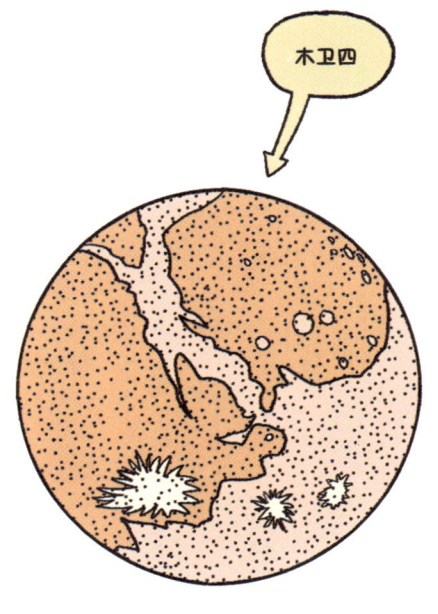

第一章 我们身处的宇宙

木星的探索

1610年，伽利略·伽利雷发现了木星的4颗卫星（伽利略卫星），这是人类首次发现的不属于地球的卫星，也是当时首次发现的以地外行星为中心运动的天体。

小贴士

地心说的起源非常早，公元前4世纪，古希腊哲学家亚里士多德就极为推崇"地心说"，一直到16世纪，人们都认为包括太阳在内的全部天体都围绕着地球公转。但哥白尼打破了这个理论，提出了"日心说"，他认为地球是球形的，太阳是不动的，太阳在宇宙的中心，地球及其他行星围绕着太阳做圆周运动，只有月球环绕地球运行。

先驱者10号

1972年3月，美国国家航空航天局发射了名为"先驱者10号"的探测器，这是第一个探测木星的"使者"，它穿越危险的小行星带和木星周围的强辐射区，经过1年多的时间，终于在1973年到达木星附近，在飞掠木星的过程中，不断收集这颗庞大行星的数据，并传回了几百张木星图像。

1977年8月20日和9月5日，美国先后发射了"旅行者2号"和"旅行者1号"探测器，这两个姊妹探测器沿着两条不同的轨道飞向木星。

1979年3月5日，"旅行者1号"探测器依次飞越木星的5个主要的卫星，传回了非常好的图像，使行星科学家们打开了一扇新的大门。科学家们在木卫一上发现了奇异的黄、橙和褐色物质，还有8座活火山向太空喷发物质。

1989年10月，"伽利略号"木星探测器成功发射，这是美国国家航空航天局发射的第一个专门用于探测木星的航天器。1995年12月，经过漫长的旅程，"伽利略号"抵达环木星轨道。"伽利略号"绕木星飞行时，获得了有关木星大气层的第一手探测资料，这是人类第一次探测木星的大气层里到底有些什么东西。同时，它还发现了木卫二的表面之下可能有海洋，还发现木星的卫星上有剧烈的火山爆发现象。

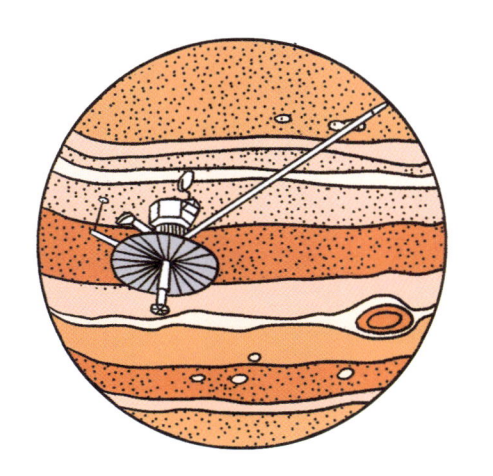

"伽利略号"是美国国家航空航天局历史上最成功的探测器之一。它绕着木星工作了8年之久，2003年9月，在燃料耗尽之后，它终于结束了自己的使命。"伽利略号"抵抗了木星强大的磁场，获得了大量的数据，大大增加了人类对木星及伽利略卫星（木卫一～木卫四）的了解。

2016年，美国国家航空航天局发射的"朱诺号"探测器到达木星，它穿梭在木星的南极和北极，对木星起源、内部结构、大气及磁场等相关数据进行探测，收集了大量的木星资料，这些资料是人类了解木星的重要来源。

第一章　我们身处的宇宙

土星

土星是太阳系中的八大行星之一,其到太阳的距离在太阳系中排第六位。

和木星一样,土星也是一个"气球",外部包裹着大气层。同时土星是一颗巨行星,是太阳系中的第二大行星,它的直径约为 12 万千米。

土星公转一周的时间非常长,地球绕太阳运行一周只需要花 365 天,而土星绕太阳运行一周却要花大约 29.46 年。

与之相对应的是,土星的自转速度却很快,不到 11 个小时就能自转一周。

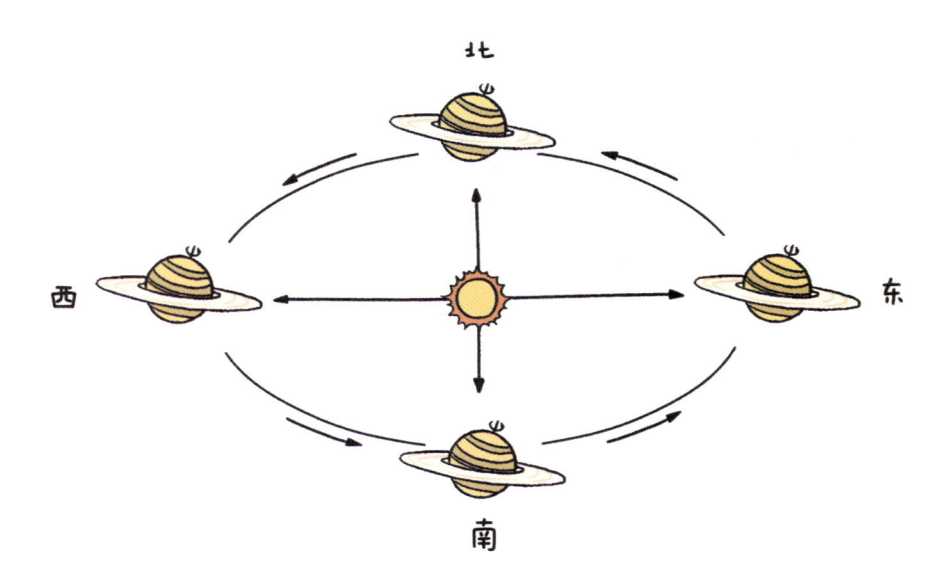

土星的内部结构和木星极为相似，虽然都被称为气态行星，但是它们并不完全是气态的。科学家认为，土星的内部有一个较小的岩石核心，这个核心的外圈是液态金属，之外是液态气体，最外面是大气层。

土星很大，但是它很轻，它是八大行星中唯一一颗密度低于水的行星。这是什么意思呢？如果有一个塑料的土星模型，你会发现它能漂在水面上，真实的土星和这个塑料模型一样，如果把它放在足够大的水域里，它就会自动浮起来。

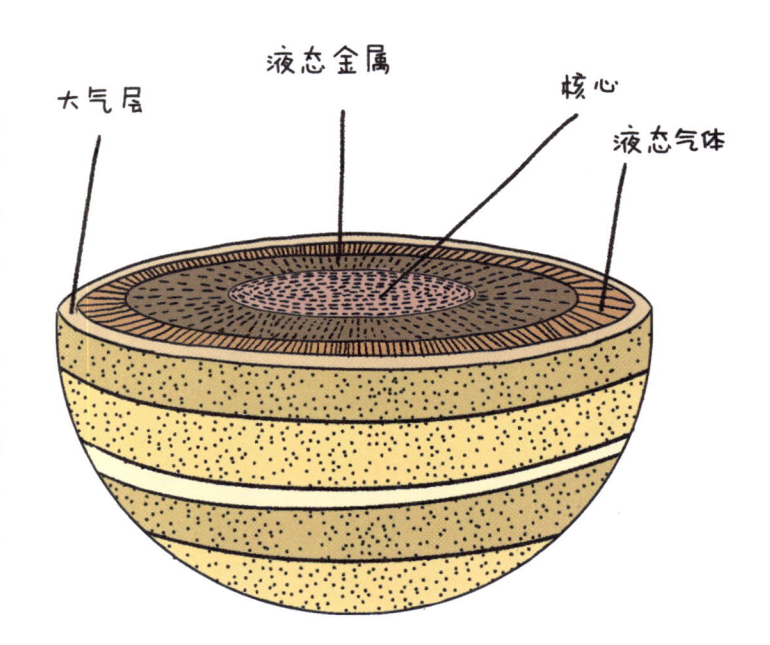

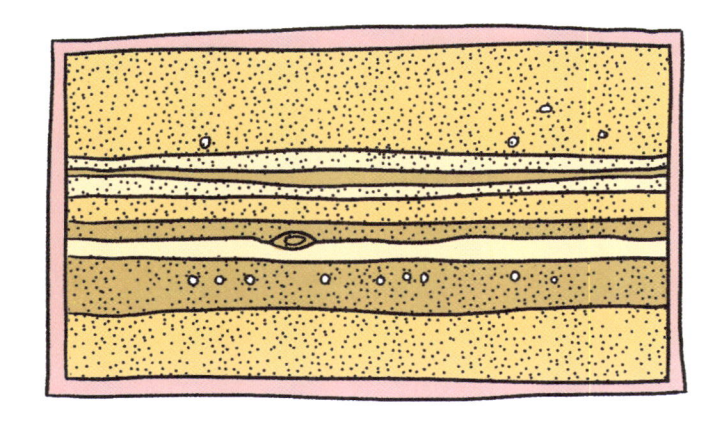

和木星一样，土星大气层最高处的温度相当低，能够低至 -180℃。

因为土星的上层大气与木星的上层大气相似，所以土星表面也有与木星表面相似的一圈一圈的纹理，只是土星表面的纹理没有木星表面的纹理色彩明艳。

第一章 我们身处的宇宙　39

最梦幻的行星

该怎样区分土星和其他七大行星呢？答案很简单，土星拥有行星之中最明亮的"环"，它就像一个薄薄的中间镂空的盘子，悬挂在土星的赤道之上，地球上的我们只需要使用小型望远镜就能看到这个"环"。这就是土星环。

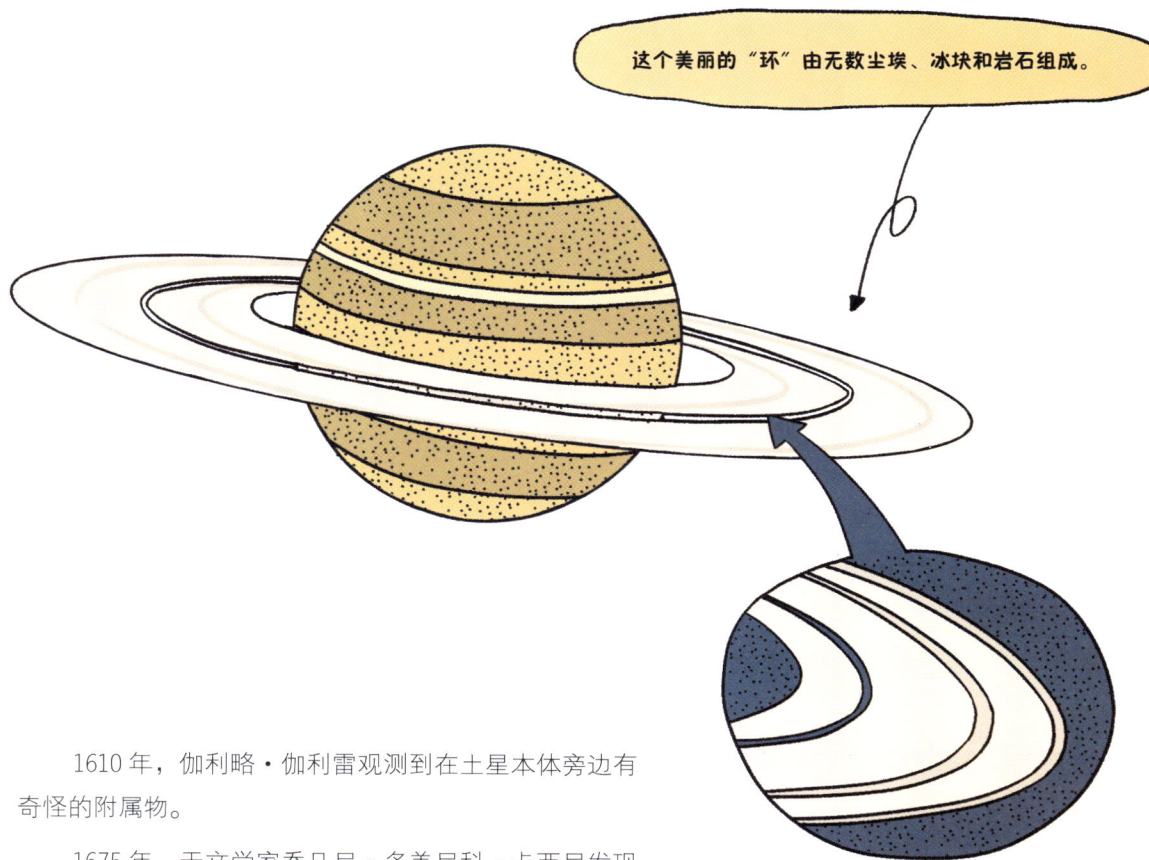

这个美丽的"环"由无数尘埃、冰块和岩石组成。

1610 年，伽利略·伽利雷观测到在土星本体旁边有奇怪的附属物。

1675 年，天文学家乔凡尼·多美尼科·卡西尼发现土星和这些附属物之间并不是严丝合缝的，其中间有一个不小的缝隙，这个缝隙后来被称为"卡西尼环缝"。同时，乔凡尼·多美尼科·卡西尼根据自己的观测猜想这个缝隙是由无数个小颗粒构成的。

乔凡尼·多美尼科·卡西尼 1625 年 6 月 8 日出生于意大利佩里纳尔多，是一位在意大利出生的法国天文学家。他发现了土星和土星本体旁边的附属物之间的缝隙，"卡西尼环缝"由此得名。

那么土星环到底是由什么构成的呢？

答案是尘埃、冰块和岩石。它们大小不一，呈不规则状，有的只有几厘米宽，有的能达到几米宽，它们密密麻麻地排列在一起，一圈又一圈地围绕着土星。

根据观测，土星环大致分为 A 环、B 环、C 环、D 环、E 环、F 环、G 环几个部分。其中以 A 环、B 环、C 环为主环。D 环是最靠近土星的环带，它的外侧是 C 环，C 环非常暗淡，接近透明，C 环外侧的 B 环异常宽广和明亮。B 环与 A 环之间有一个很宽的缝隙，这就是"卡西尼环缝"。

在 A 环的外侧，"先驱者 11 号"探测器发现了 E 环、F 环和 G 环，最外侧的是 E 环，它们都很暗、很弱。其中，E 环最模糊，但也最宽，它的宽度达 30.2 万千米。

浪漫的土星环给人们留下了无限遐想，等待着人们去探索更多的奥秘。

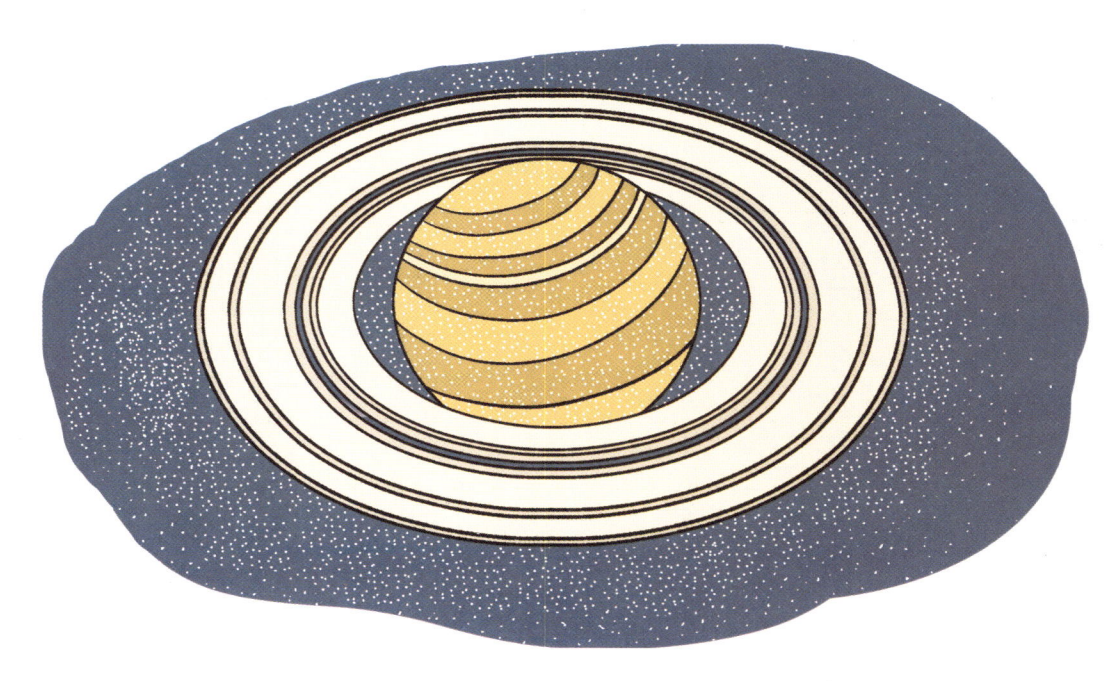

第一章　我们身处的宇宙

探索土星的奥秘

1973年4月，美国发射了"先驱者11号"探测器，这是第一个研究土星和土星环的探测器。

1979年，"先驱者11号"飞临土星，在探测中发现土星有一个电离层，在土星的极区有极光。"先驱者11号"于1979年8月31日在距离土星150万千米处检测到土星的弓形激波，这是人类首次证实土星有磁场存在。

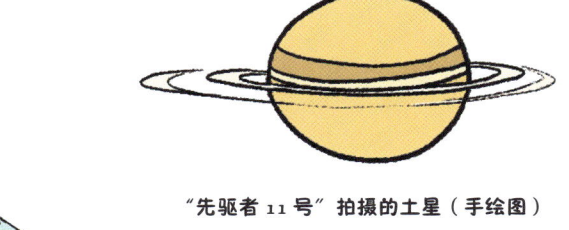

"先驱者11号"

"先驱者11号"拍摄的土星（手绘图）

美国发射的"旅行者1号""旅行者2号"在考察完木星后，也开启了对土星的考察。根据两个探测器传回的照片和数据，天文学家终于看清了土星北极上空的全貌。

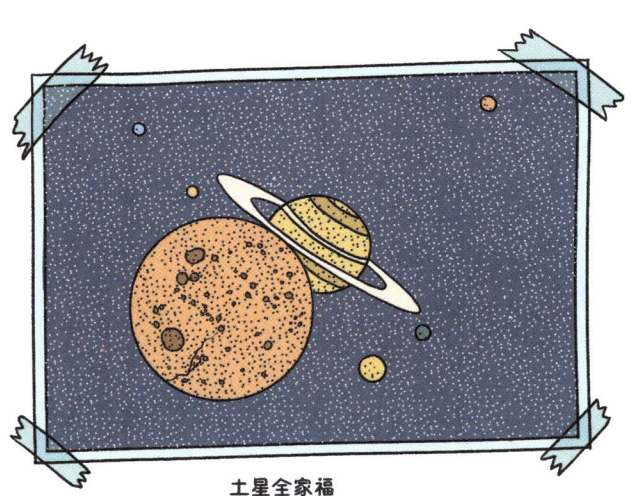

土星全家福

1997年10月，美国发射了国际合作研发的星际探测器"卡西尼－惠更斯号"。

"卡西尼－惠更斯号"耗资巨大，是当时最重、最大的星际探测器，它由美国与其他16个国家共同研究制造，是人类航天史上最伟大的探测器之一。

"卡西尼－惠更斯号"以发现"卡西尼环缝"的天文学家乔凡尼·多美尼科·卡西尼和土卫六的发现者克里斯蒂安·惠更斯的名字命名。

在经过漫长的太空旅行之后，2004年7月，"卡西尼－惠更斯号"探测器按计划顺利进入环绕土星的轨道，开始对土星的大气、土星环和卫星进行探索。2004年12月25日"惠更斯号"着陆器与"卡西尼号"轨道器分离，次年1月14日成功着陆在土卫六上，这是人类历史上第一个着陆在地球以外行星的天然卫星上的探测器。

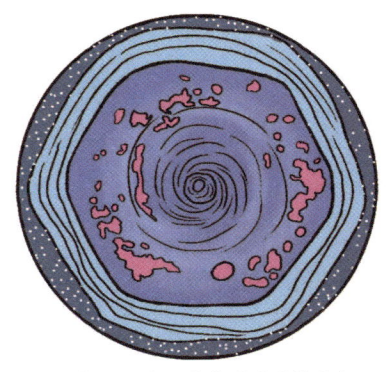

在日复一日的工作中，"卡西尼号"取得了丰硕的探测成果。

"卡西尼号"拍摄到一场在土星的北极肆虐的六角形超宽风暴，这是人类第一次在气态行星中发现这类风暴。风暴就像一个旋涡，不断地旋转，在"卡西尼号"观测的13年间，它从未消失。

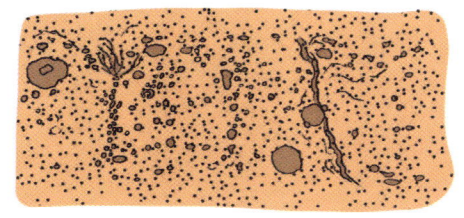

土星的六角风暴特写（手绘图）

在"亲密接触"土卫五的过程中，"卡西尼号"利用超清摄像机拍摄了其冰冻表面，它就像一颗被橙色雾霾包裹住的大"冰球"。

土卫五的表面（手绘图）

金星穿越土星环（手绘图）

"卡西尼号"拍摄了金星从土星环中"穿越"的壮观照片。距离土星非常遥远的金星就像一个小小的白点悬挂在土星环上。

不仅如此，"卡西尼号"还研究了土卫六的构造，拍摄了大量土卫六的照片，科学家从中发现了与地球上的尼罗河极为相似的"河流"。

在十几年的时间里，"卡西尼号"向地球传回了土星及其卫星的影像。

"卡西尼号"22次穿越土星和土星环之间的狭缝，勇敢地踏入未知的空间，用极度接近的距离探索土星环。即使在生命的最后阶段，它也飞向土星的高空，同那厚厚的大气层"较量"，为人类带来了土星大气层的数据，最后消失在土星的大气层中。

2017年9月15日，"卡西尼－惠更斯号"探索土星的任务结束。它是当时人类探索深空历史上最成功的探测器之一。在漫长的飞行过程中，它几乎完全按照计划的轨道运行。在一次次向金星、地球、木星精准借力后抵达土星，超长期服役，最终完美地完成了使命。

尽管"卡西尼号"只是一个机器，但是我们仍要向它"致敬"，因为土星环中随便一个不期而遇的小石块都可能把它撞得粉碎。

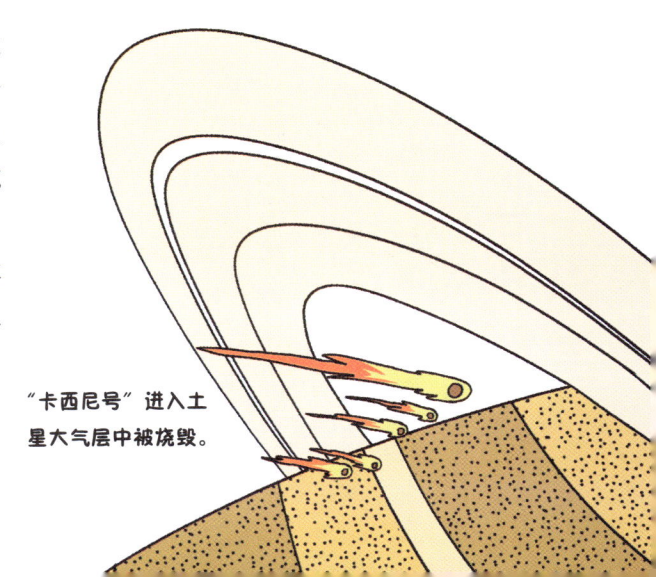

"卡西尼号"进入土星大气层中被烧毁。

土卫六

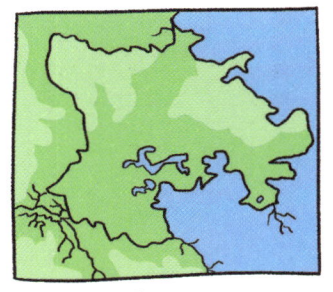

土卫六又名"泰坦星",是土星的一颗天然卫星。1655年,荷兰物理学家、天文学家和数学家克里斯蒂安·惠更斯发现了它。

土卫六是土星最大的卫星,是目前已知的太阳系中的第二大卫星。

土卫六是目前已知的太阳系中唯一拥有浓厚大气层的卫星。在其大气层中氮气含量非常高,是太阳系中除地球外,第二颗大气层中富含氮气的天体。

土卫六卫星地图(手绘图)

土卫六也是目前已知的太阳系中除地球外唯一表面拥有稳定液体的天体。

"卡西尼-惠更斯号"在飞近土卫六时使用了雷达遥感测绘技术,传回的第一张照片就展现了土卫六复杂、崎岖、平坦相混合的地貌。据科学家分析,这种地貌应该是由火山运动造成的。科学家认为,在土卫六上分布着众多由液体甲烷和乙烷构成的湖泊。

"卡西尼-惠更斯号"在2004年12月25日释放出了"惠更斯号"着陆器,"惠更斯号"于2005年1月14日进入土卫六的大气层并着陆在土卫六表面,进行详细探测。在"惠更斯号"传回的数据中,我们可以看到这颗星球的表面有类似海岸线和河道的痕迹。

"卡西尼-惠更斯号"下降过程中收集的地形数据(手绘图)

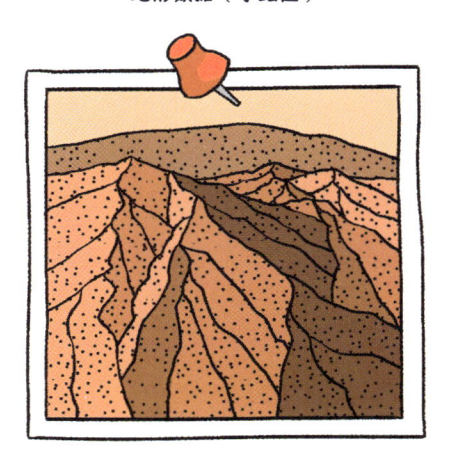

"惠更斯号"着陆地附近的景观(手绘图)

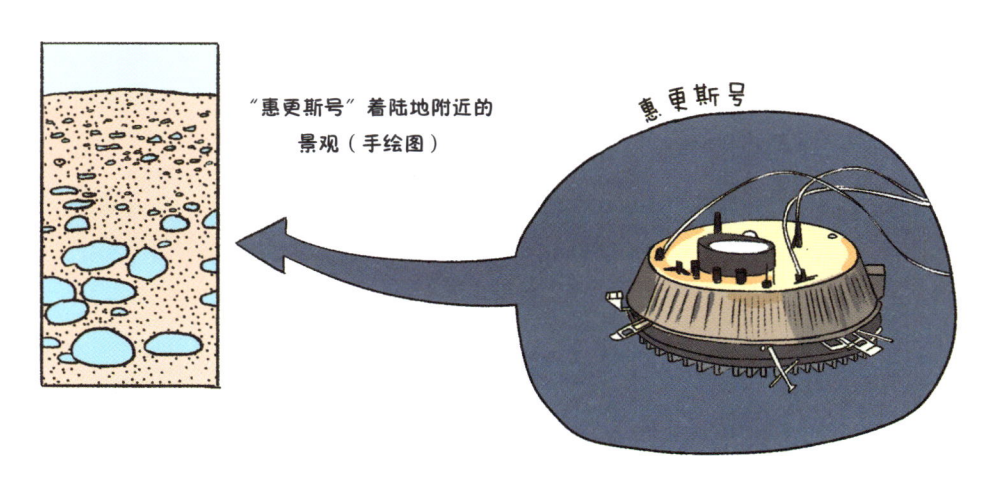

惠更斯号

天王星

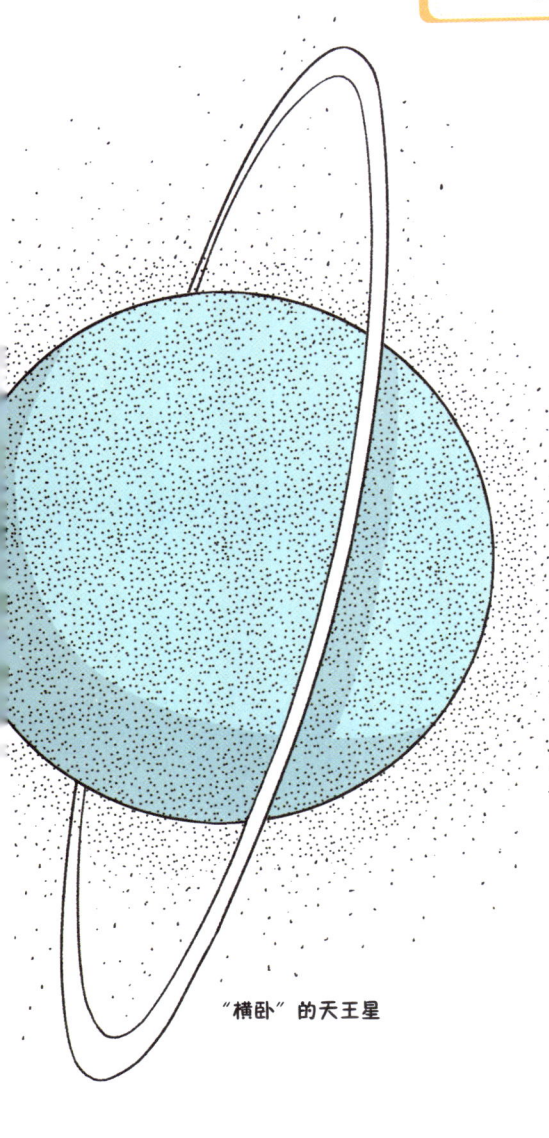

如果我们观测八大行星，就会发现其中一颗行星的姿势很奇怪，就像"睡"在了轨道上，它就是天王星。

天王星是太阳系中由内向外排列的第七颗行星，其体积在太阳系中排名第三。

天王星是第一颗通过望远镜发现的行星。1781年3月13日，弗里德里希·威廉·赫歇尔用自制的望远镜发现了这颗行星。

"横卧"的天王星

天王星的模拟环带

和土星一样，天王星也拥有自己的行星环，这些环带十分暗弱，很难从地球上观测到，它们一圈一圈地、几乎直立地环绕在天王星竖着的"肚子"上。

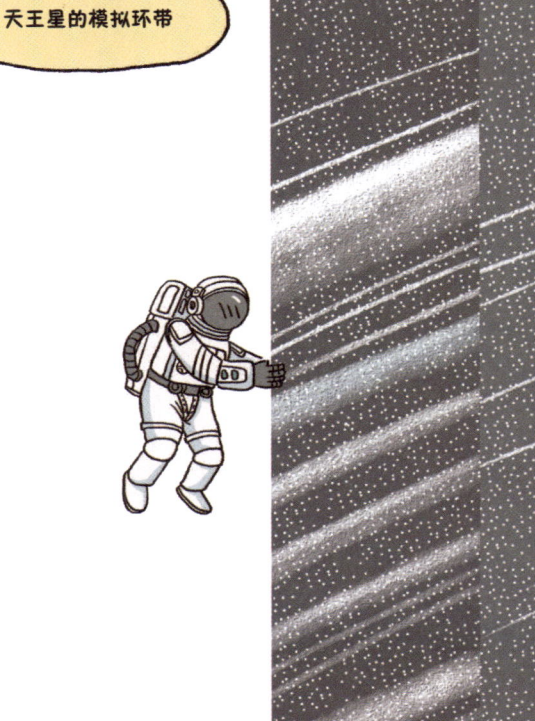

天王星每84年围绕太阳公转一周，约每17.25小时自转一周。因为距离太阳太远，所以天王星上的阳光强度大约只有地球上阳光强度的1/400。

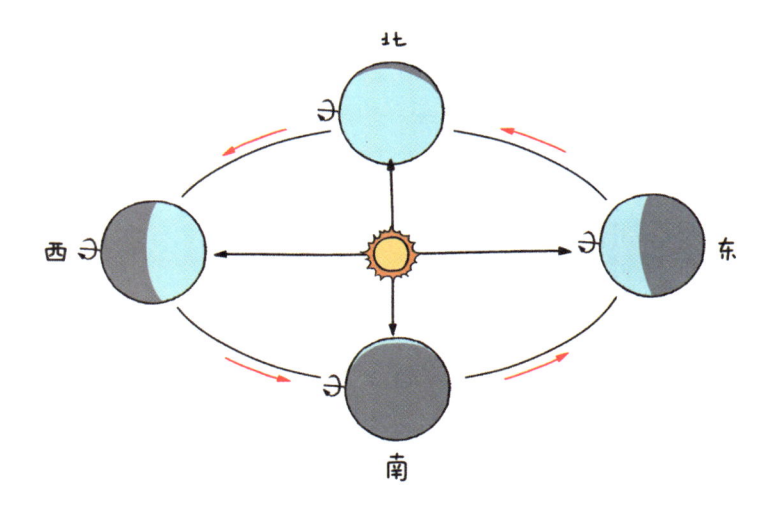

科学家认为，天王星的内部有一个岩核，它的幔是由水冰、甲烷、氨组成的。最外层是由氢气、氦气、甲烷等组成的大气外壳。

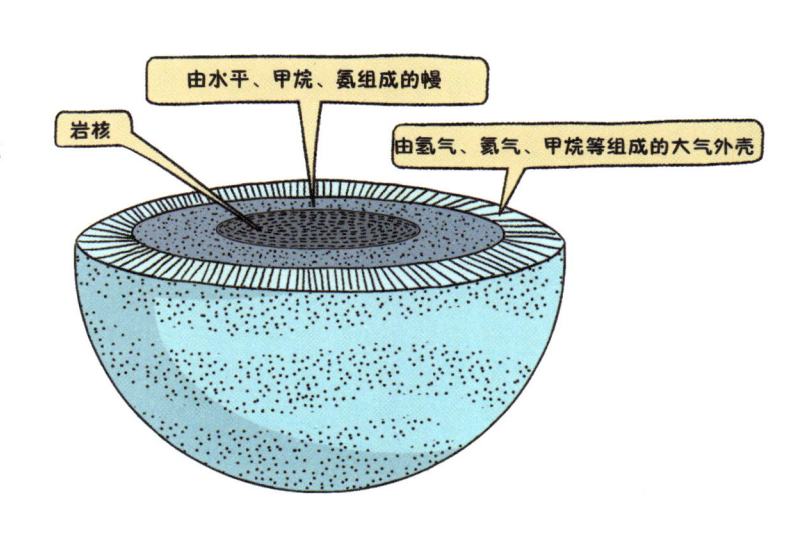

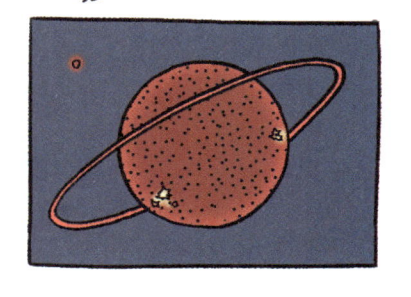

天王星有强烈的磁场，比地球的磁场强许多倍。

天王星是一颗很漂亮的行星，远远地观察它，会发现它是一颗蓝色的星球，这是因为它的大气中含有甲烷，而甲烷气体吸收了大部分的红色光谱。

探索天王星

由于天王星实在太遥远了，发射一颗行星探测器需要耗费大量的人力、物力和财力，而天王星理论上并不存在液态水和其他生命迹象，所以人类对它的探索并不多。在美国国家航空航天局发射的"旅行者2号"探测器拜访天王星之前，还没有人类通过发射探测器对其近距离探测过。

1986年，"旅行者2号"飞掠天王星时，传回了许多数据，并发现了天王星有10颗之前未知的天然卫星。后来其他探测器飞掠天王星时，发现了更多的卫星。

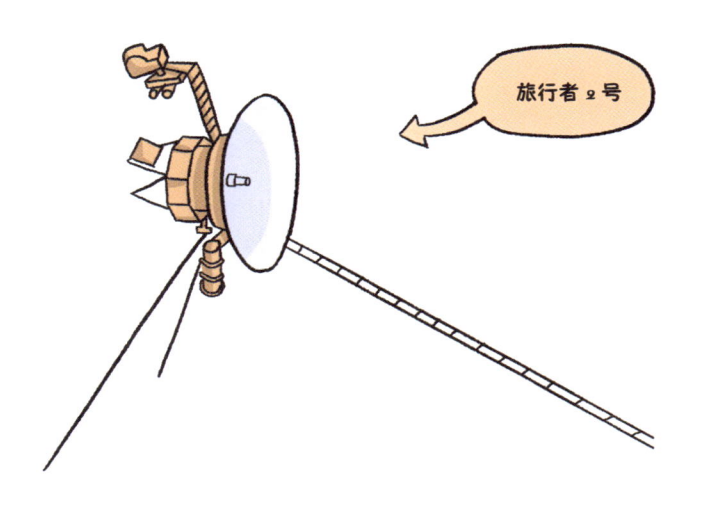

天卫一和天卫二的大小相似，它们都是由威廉·拉塞尔在1851年发现的。其中天卫一十分明亮，天卫二则非常暗。

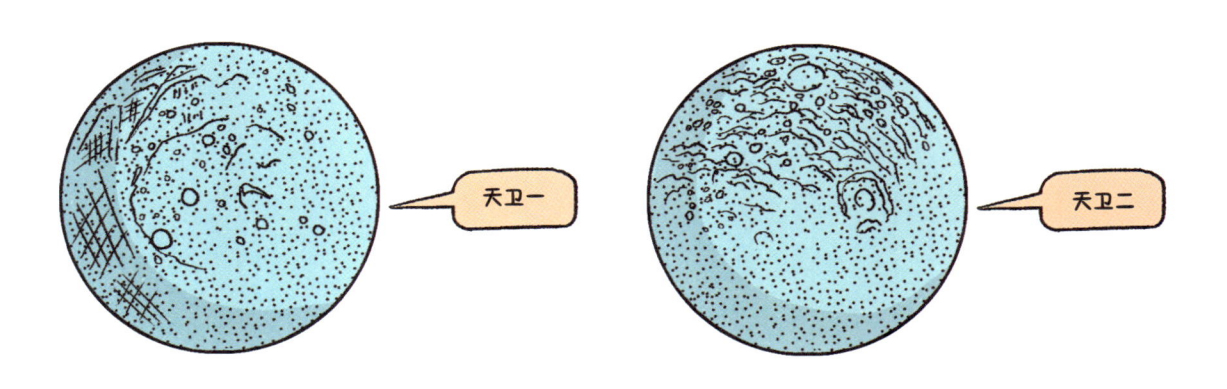

第一章 我们身处的宇宙

天卫三是天王星最大的卫星，它的直径超过了 1500 千米。它围绕天王星公转的轨道十分长，轨道的半长轴超过了 43 万千米，如果用一个字来概括这颗卫星，就是"大"。

　　天卫四是天王星的第二大卫星，其直径比天卫三直径小一些。它围绕天王星公转的轨道是天王星的卫星中公转轨道最长的，轨道的半长轴超过了 58 万千米。

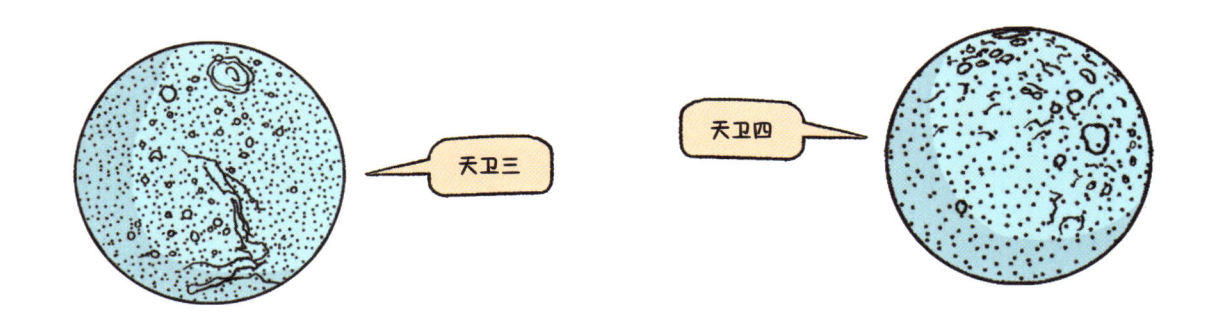

　　天卫五是天王星的五大主要卫星中最小的一颗，它的直径为 470 千米左右。和陨石撞击过后形成的坑不同，天卫五的表面沟壑相错，有深谷，有悬崖峭壁，也有环形高地……这种奇特的地形、地貌引起了人们的好奇，它到底发生过什么？你觉得是什么原因造成了这种现象呢？

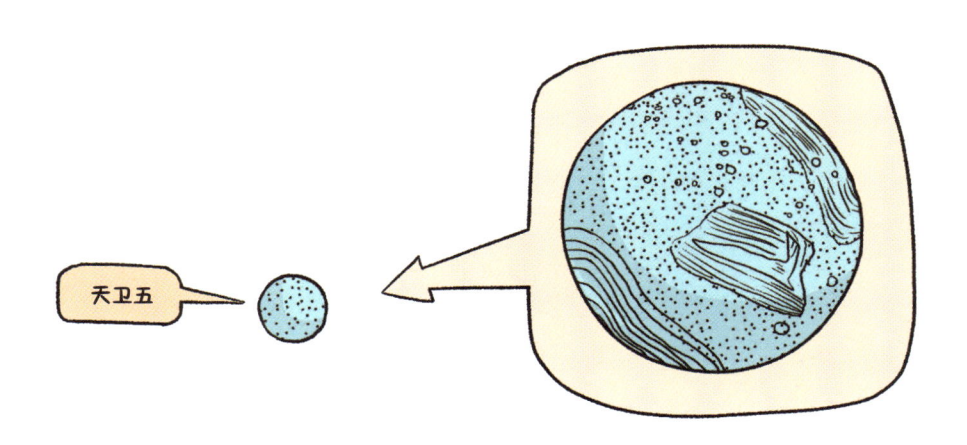

　　目前，我国正在积极做着探索木星、天王星等行星的准备工作，或许在不久的将来，我们能再度探访这个奇异的世界。一起期待吧！

海王星

　　海王星是已知的太阳系中距离太阳最远的行星。海王星非常暗，用肉眼及普通的望远镜是无法看到它的，我们必须借助天文望远镜才能一窥海王星的真实面貌。

　　海王星是一颗与天王星十分相似的巨行星，它的直径达到了4.9万千米左右，质量是地球质量的17倍多，比它的"邻居"天王星还要重。

海王星整体呈现出非常漂亮的深蓝色，这是因为它与天王星一样，其大气中含有甲烷，甲烷吸收了太阳的红色光谱，而呈现出了蓝色。海王星同土星、天王星一样，也拥有行星环，但在地球上我们只能观察到暗淡、模糊的圆弧，而非完整的环带。

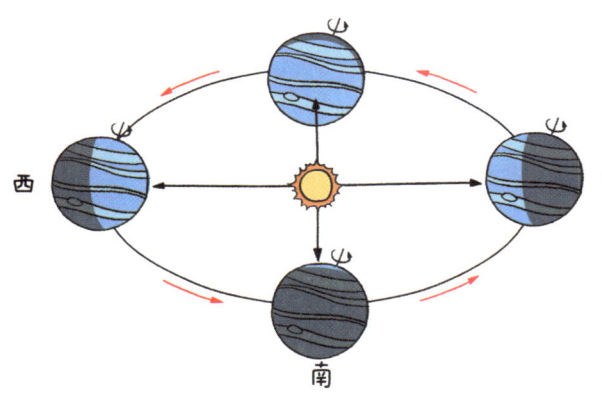

　　海王星围绕太阳公转的周期约为165年，地球上的人过完了一生，海王星还没"走完一圈"，是不是很神奇呢？

　　海王星自转一周需要约16个小时，从我们早上起床到晚上睡觉的工夫，海王星就"翻了一个身"。

　　海王星的内部结构同天王星相似。它的内核是硅酸盐岩石，之外包裹着由水冰、甲烷、氨组成的幔，最外面是由氢气、氦气、甲烷等组成的厚厚的大气层。

　　海王星的表面有强烈的风暴，这是因为其内部更温暖。不过，海王星的云带顶部的温度能够低至-220℃。

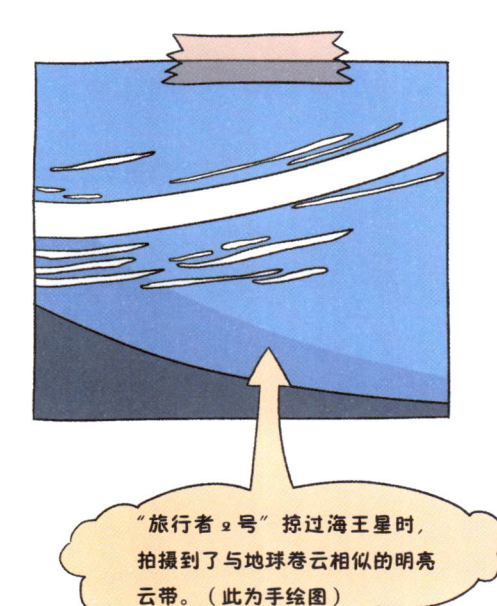

"旅行者2号"掠过海王星时，拍摄到了与地球卷云相似的明亮云带。（此为手绘图）

第一章　我们身处的宇宙　　49

探索海王星

和天王星一样，海王星距离地球也十分遥远，所以迄今为止，只有"旅行者2号"探测器到访过海王星。

1989年，"旅行者2号"飞掠海王星，这是人类首次使用空间探测器探测海王星。它在距离海王星约5000千米的最近点与海王星相会，从而使人类第一次看清了远在"天边"的海王星的面貌。

目前，人类已发现的海王星的天然卫星有14颗。

海卫一是海王星最大的卫星，和其他卫星不同的是，海卫一的公转方向与主星不同，属于逆行轨道。

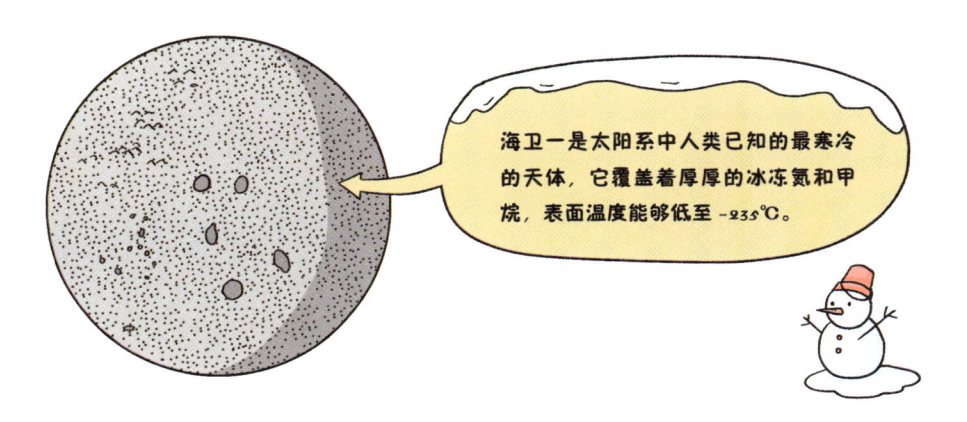

海卫一是太阳系中人类已知的最寒冷的天体，它覆盖着厚厚的冰冻氮和甲烷，表面温度能够低至-235℃。

1989年，"旅行者2号"探测器飞掠海王星时，发现在海王星表面有一块暗黑区域，这就是大暗斑。后来，天文学家多次使用哈勃太空望远镜观测海王星，发现海王星上的暗斑会消失，也会重新出现，这说明海王星上的气体流动非常频繁。

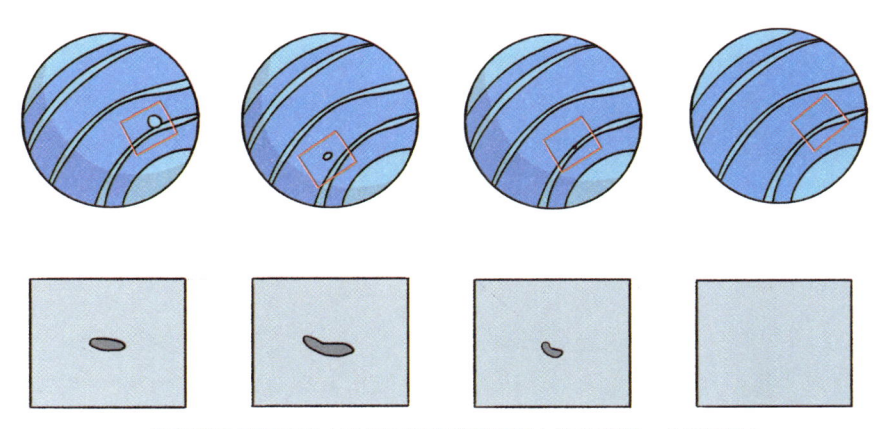

天文学家使用哈勃太空望远镜观测海王星上的大暗斑。（手绘图）

被"除名"的冥王星

有一颗星球，曾经是太阳系中的第九大行星，在 2006 年国际天文学联合会（IAU）正式定义行星的概念后，却被排除在行星行列之外，它就是冥王星。

1930 年，美国天文学家克莱德·威廉·汤博发现了冥王星，并将其视为太阳系第九大行星。在长达 76 年的时间里，冥王星都被认为是太阳系内距离太阳最远的行星。但在 2006 年，国际天文学联合会认为冥王星不满足成为行星的条件，于是冥王星被降为了矮行星。什么叫矮行星呢？天文学家将看起来像行星，但是与其他天体共享运行轨道的天体称为"矮行星"，它们不能清除自己轨道上的其他天体。冥王星的轨道有一部分就位于海王星轨道的内侧。

冥王星的轨道和八大行星不同，它的轨道倾斜度很大，就好像斜着插入了八大行星的轨道。

冥王星处于小行星与彗星的诞生地——太阳系外围的柯伊伯带，并且在柯伊伯带内有着比冥王星还大的天体。

在直接围绕太阳运行的天体中，冥王星的体积排在第九位，直径为 2300 多千米。冥王星的引力非常小，如果人站在冥王星上会飘起来。

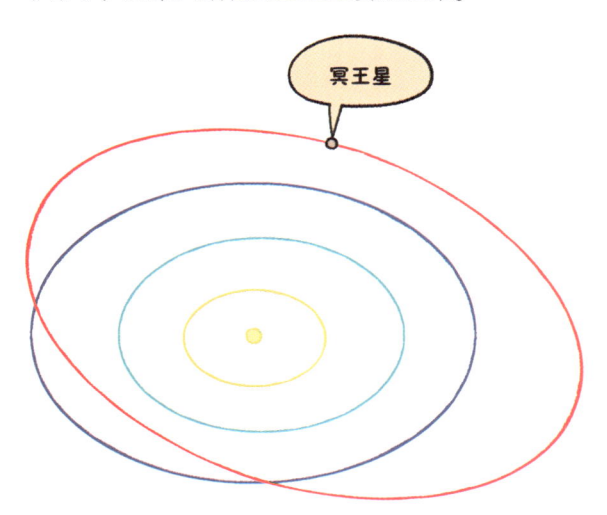

冥王星的自转周期约为 6.4 天。

冥王星的公转周期约为 248 年，这大概是多久呢？中国最强盛的朝代之一——唐朝，从建国到灭亡经历了约 289 年。所以冥王星是不是"走"得很慢呢？

第二章　我们居住的地球

完美的小小星球

地球的英文名是"Earth"，它源自中古英语。

意大利传教士利玛窦在《坤舆万国全图》中使用了"地球"一词。随着西方近代科学被引入中国，地圆说逐渐被中国人接受，"地球"一词得到广泛使用。

利玛窦

地球诞生至今已经大约 45 亿年了，在这漫长的时间里，地球不断地变化着，孕育出适合各种生物居住的环境——地球拥有独一无二的特征，它是到目前为止人类已知的唯一拥有液态水、冷冻冰且大气中富含氧气的行星，也是到目前为止人类已知的唯一拥有生命的星球。

如果说在太阳系里土星最梦幻、木星最庞大、海王星最漂亮，那么地球——人类的母星就是最完美的行星。

四季与昼夜

地球是一个四季分明的星球。四季是指一年中交替出现的 4 个季节，即春季、夏季、秋季、冬季，每个季节持续约 3 个月。每个季节会有不同的气候：春季湿润，阴雨绵绵；夏季炎热，蝉鸣不断；秋季干燥，落叶纷飞；冬季寒冷，雪花飘飘。

植物随着四季的更迭而生根、发芽、结果、凋零。地球上为什么会有四季分明的变化呢？

这是因为有黄赤交角的存在。黄赤交角是地球公转轨道面（黄道面）与赤道面的交角，也被称为太阳赤纬角或黄赤大距。黄赤交角约为 23°26'。

黄赤交角的存在是地球上四季变化和五带区分的根本原因。

地球的公转轨道近似一个椭圆形，所以在公转的不同时间段，地球距离太阳的远近也不同。由于黄赤交角的存在，导致在不同的时间段，地球的南半球、北半球受太阳照射的强度不同，太阳光线照射角度也不同，太阳光线照射角度小的区域热量少，就会更冷，这样在不同的时间段就会有不同的气候了。

地球是一个不发光的球体，地球上的光线绝大部分来自太阳。

地球是不透明的球体，在同一时刻太阳只能照亮地球表面的一半。

当地球一刻不停地自转时，地球上受太阳光线照射的地方就会不断地更替。

被太阳照亮的半个地球是白昼，没有被太阳照亮的半个地球是黑夜。

昼夜交替的周期是地球自转的时间，约为 24 小时，人类将这个时间定义为一个太阳日。

地球的自转时间既不过分短暂，又不过分绵长，因此地球表面的温度不会过低或过高。人类在一个太阳日内，日出而作，日落而息，保持着规律的作息，太阳日是地球赐予人类的礼物。

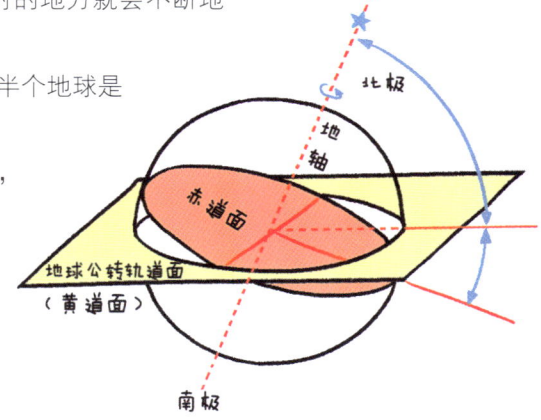

第二章 我们居住的地球

地球的大气层

太空环境十分恶劣，不仅气温非常低，还可能存在各种撞击物。但是地球的大气层能够使地面和太空环境隔绝，也能使陨石等"天外来客"解体或焚毁。同时，大气层为地球上生命的繁衍、人类的发展提供了理想的环境。

大气层中包含各种气体（如氮气、氧气等）、水、灰尘等。

我们头顶的大气，越往高处越稀薄。我们把大气层分为对流层、平流层、中间层、热层、散逸层。你知道吗？风、雨、雷、电等现象发生在对流层，而飞机主要在平流层中飞行。

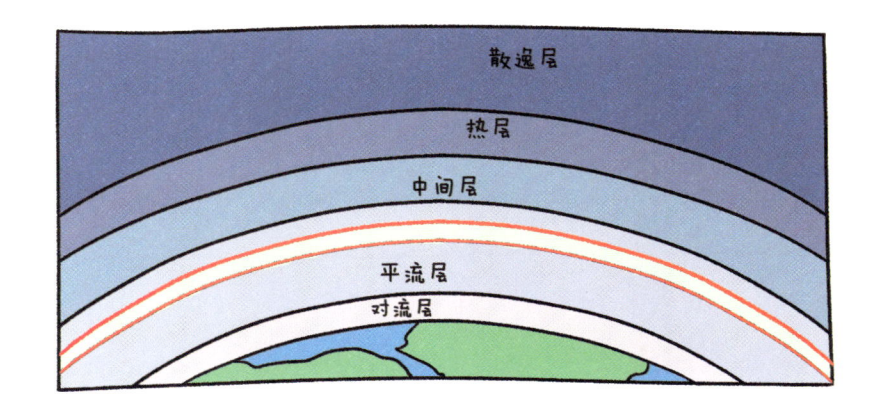

散逸层：又称"外层"，是地球大气层的最外层，距离地表800千米以上。因为距离地表太远，受地球引力的作用很小，所以它和星际空间没有明显的界线，是地球大气层与太空环境的过渡地带。

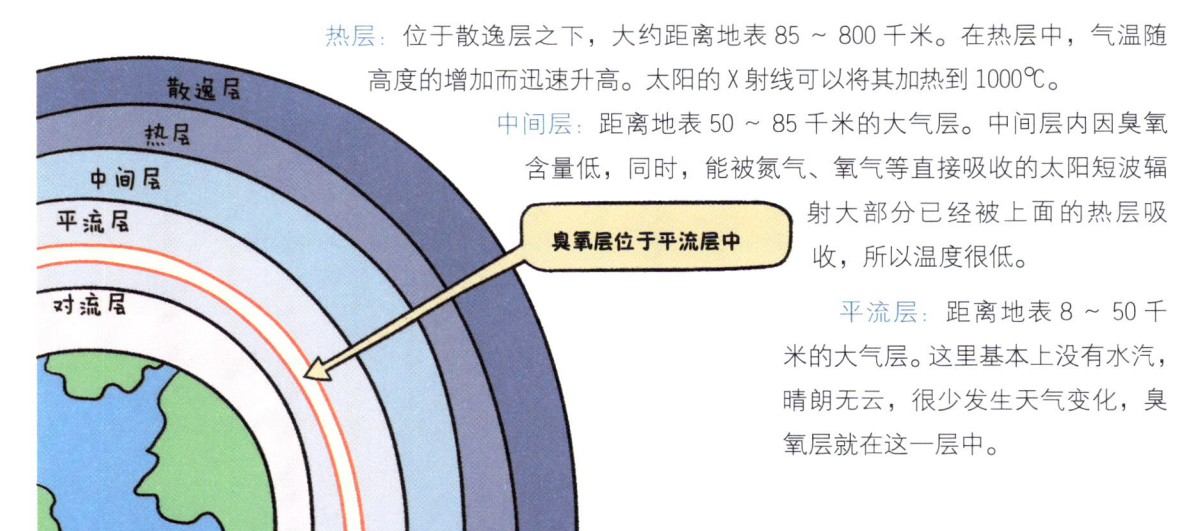

热层：位于散逸层之下，大约距离地表85～800千米。在热层中，气温随高度的增加而迅速升高。太阳的X射线可以将其加热到1000℃。

中间层：距离地表50～85千米的大气层。中间层内因臭氧含量低，同时，能被氮气、氧气等直接吸收的太阳短波辐射大部分已经被上面的热层吸收，所以温度很低。

臭氧层位于平流层中

平流层：距离地表8～50千米的大气层。这里基本上没有水汽，晴朗无云，很少发生天气变化，臭氧层就在这一层中。

对流层：大气层的底层，从地球表面开始向高空伸展。对流层的平均厚度约为12千米，两极和赤道的对流层厚度不一样。在对流层，温度随着高度的增加而降低，海拔每升高1千米，气温会下降大约6℃。雨、雪、雹、霜、露、云、雾等一系列天气现象都是在对流层产生的。

陆地和海洋表面的水蒸发变成水蒸气，水蒸气上升到一定高度后遇冷变成小水滴，这些小水滴组成了云，它们在云里互相碰撞，形成大水滴，当水滴大到空气托不住的时候，就会从云中落下，形成雨。

地球上空的这一层厚厚的大气层阻挡了热量向太空扩散，使地球保持着适合生物生存的温度。

大气层对地球至关重要，然而随着人类社会的发展，人类也面临着前所未有的挑战——全球变暖。

随着全球人口的增长和人类活动范围的扩大，温室气体（二氧化碳等）越来越多，致使大气层中温室气体的含量成倍增长，地球温度上升，这就是温室效应。全球变暖会使全球的降水量重新分配、冰川和冻土消融、海平面上升等，这不仅会打破自然生态系统的平衡，还会威胁人类的生存。

人类焚烧化石燃料（如石油、煤炭等），砍伐森林、减少绿色植被等行为都会产生大量的二氧化碳等温室气体。

地球的结构

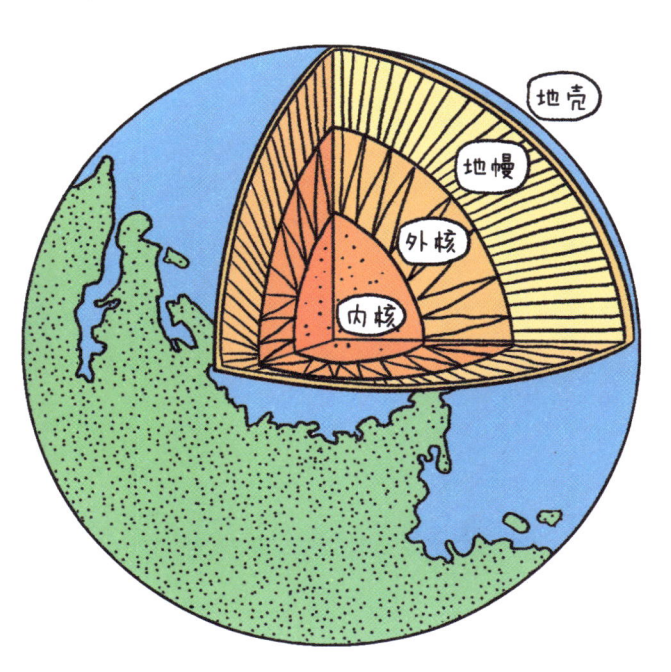

地球的内部构造和其他行星相似，中央为一个固态金属的内核，之外是主要由液态金属组成的外核，再外面是主要由硅酸盐岩石构成的地幔，最外层是一层薄薄的地壳。

地球自诞生以来发生了频繁的地质运动，才成为我们现在看到的样子。

科学家认为，地球表面覆盖着不易变形且坚固的板块，这些板块每年以3～15厘米的速度移动。这就是板块构造学说。

萨维尔·勒·皮雄于1937年6月18日出生，是一位法国地质学家。1968年，萨维尔·勒·皮雄初步将地球划分为六大板块。

小贴士

为什么会地震？

我们都知道，地壳的运动很频繁，地球内部也在不断地释放能量。

地球上板块与板块之间相互挤压碰撞，使板块边缘及板块内部产生错动和破裂，从而引起地震。

世界各地的地震带几乎都在板块交界的地方。比如，日本位于亚欧板块和太平洋板块的交界处，因此日本是频繁发生地震的国家之一。

神奇的极光通常出现于星球的高磁纬地区上空，而地球的极光是由于高能带电粒子流（太阳风）进入地球的磁层，与大气中的原子和分子碰撞并激发而产生的光学现象。极光通常是绿色的，在南极被称为南极光，在北极被称为北极光。

生命

地球孕育了多种多样的生命，比如植物、动物、真菌、细菌等。它们共存于地球之上，一起共享着这颗星球。

作为目前已知的唯一拥有生命的星球，地球生命的起源一直都是科学家们研究的重要课题。

查尔斯·罗伯特·达尔文于1809年2月12日出生。他是一位英国生物学家，是进化论的奠基人。

时间来到20世纪40年代，科学家们开始探索宇宙生命的起源，他们先后从陨石、彗星等物体上探测到了近百种有机分子，这些发现震惊了世界。于是，彗星起源学说诞生了，这种学说认为陨石和彗星上带有这些有机分子，它们在撞击地球时将"生命的种子"带到了地球上。

从细菌到花草树木再到哺乳动物，人类已知的生物种类数不胜数，更何况地球上还存在着人类未发现的生物。为什么地球上会有这么多物种呢？1859年，查尔斯·罗伯特·达尔文的《物种起源》一书出版发行。查尔斯·罗伯特·达尔文是进化论的奠基人，他认为地球上的所有生物在遥远的过去拥有一些共同的祖先，经过漫长的自然选择之后，演变成了现在的样子。

化学进化论中提到，在原始地球的条件下，无机物可以转变为有机物，有机物可以发展为生物大分子和多分子体系，直到最后出现最原始的生命——最简单、最原始的单细胞生物。生命的进化过程可以以生物进化树的形式来体现。

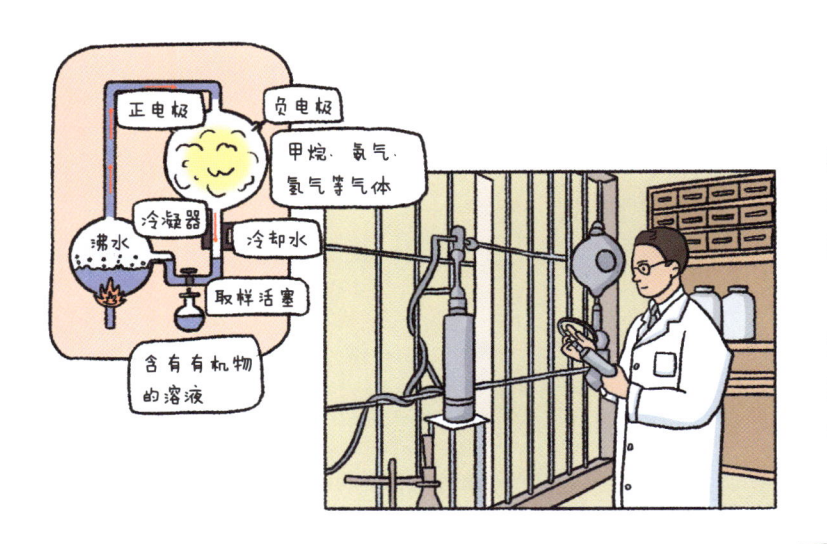

1953年，美国学者米勒进行了实验，证实了原始地球具备产生、构成生命有机物的条件，这是关于生命起源研究的一次重大突破。

地球上的环境每时每刻都在发生变化，各式各样的生物一代又一代地适应着这种变化，它们在不断的竞争中演化成了不同的模样。

有的科学家认为人类起源于森林古猿，从灵长类经过漫长的进化过程一步一步发展而来，经历了猿人、原始人、智人、现代人四大阶段。

据科学家推测，地球上的生命最初只是生活在海洋中的单细胞生物。后来，它们演化成了多细胞的植物和动物。由于地球环境的变化，这些植物和动物中的一些物种开始了两栖生活，有的慢慢演化成了陆地生物。

1965年，学者在云南省元谋县发掘出了两颗猿人的牙齿化石，经过古地磁方法测定"元谋人"的生存年代距今170万年左右。"元谋人"的发现将中国人类历史从"北京人"距今约60万年向前推进了100多万年，有力地挑战了人类起源非洲中心论这一学说，证明了中国是世界人类发祥地之一。

58　有趣的太空 >> 图解神秘的太空世界

海洋

海洋是地球上面积最大的部分。"海"和"洋"并不是同一个事物，海洋的中心被称作"洋"，边缘部分被称作"海"。地球被称为"蓝色水球"，就是因为地球表面的 2/3 都是海洋。

海洋是如何形成的呢？

科学家认为，在地球形成初期，频繁的地壳运动使地球表面形成了坚硬的岩石，这些岩石凹凸不平，沟壑丛生。地壳运动还产生了火山运动，因此释放出大量气体。随着地壳运动的减弱，气体的温度慢慢降低，并以尘埃和火山灰为凝结核，形成了水滴，最后形成了雨，暴雨连续下了许多年，汇聚在一起便形成了海洋。

那么，海水为什么是蓝色的呢？

太阳光的可见光中包含红、橙、黄、绿、青、蓝、紫 7 种不同波长的色光。这 7 种色光的波长从红色光到紫色光逐渐变短。照射到海水中的太阳光被海水吸收的程度主要与两个因素有关：一个是色光的波长，另一个是海水的深度。

海水越深，颜色越深

水自身是无色透明的。水对穿透力最强的长波光的吸收能力最强，而短波光穿透力弱，比较容易发生反射和散射现象，不容易被水吸收，因此，海水对红色光的吸收能力很强，对橙色光的吸收能力次之，对蓝色光和紫色光的吸收能力很弱。因此，人们经常看到浅海和湖泊的水面呈蓝绿色。

海洋中到底有多少种生物？据科学家统计，目前海洋中大概有28多万种动物、近2万种植物。实际上，人类对海洋的了解仍然很少，这是因为人类能到达的海洋深度有限，所以我们并不能说陆地生物的种类比海洋生物的种类多。

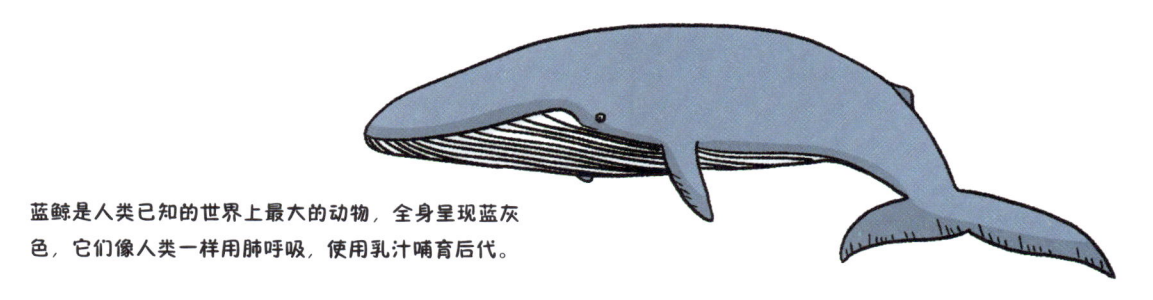

蓝鲸是人类已知的世界上最大的动物，全身呈现蓝灰色，它们像人类一样用肺呼吸，使用乳汁哺育后代。

海龟是长寿的代名词，海龟的祖先在2亿年前就存在了，它们和恐龙处于同一时代，后来恐龙灭绝，海龟也开始衰落。但是，海龟凭借它们坚硬的壳度过了无数次浩劫，顽强地生存了下来。

龟分为陆龟和海龟，海龟是海洋龟类的总称。海龟是目前已知海洋世界中躯体最大的爬行动物，其中个头最大的是棱皮龟，其最大个体体长可以达到2米多，体重可以达到900多千克。

鲎的祖先出现在古生代的泥盆纪，当时恐龙尚未崛起，原始鱼类刚刚问世。随着时间的推移，与它同时代的动物有的进化了、有的灭绝了，目前已知只有鲎至今仍然保留着原始而古老的"相貌"，它们见证了地球各个时期的兴衰，见证了人类的诞生，见证了文明的高度发展，它们就是"活化石"。

鲎长得很奇特，看起来怪怪的，有的地方叫它"马蹄蟹"。

地球的好伙伴

月球围绕地球公转，是地球唯一的天然卫星。

月球是距离地球最近的天体。在夜晚，我们能清楚地观察到月亮的阴晴圆缺。

月球是太阳系中体积第五大的天然卫星，直径约为 3476 千米，约为地球直径的 1/4，其质量约为地球质量的 1/80。

在遥远的太空中，地球和月球好像两个永不分离的朋友，相互陪伴着彼此。

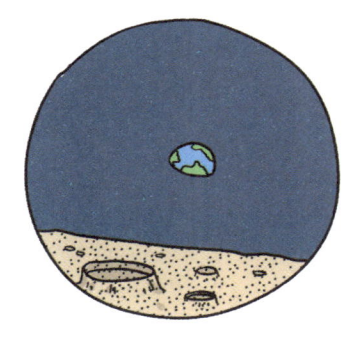

月球绕地球公转一周需要约 27.32 天，自转一周也需要约 27.32 天，是不是很神奇呢？

月球绕地球运行的轨道并不是正圆形的，月球的运行轨道与地球的赤道面并不在同一条水平线上，二者存在一个夹角。

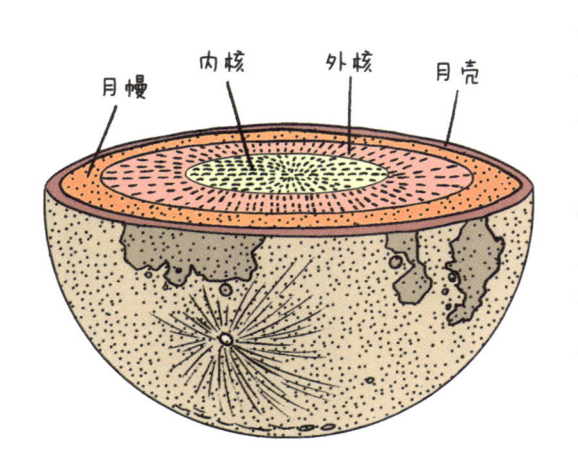

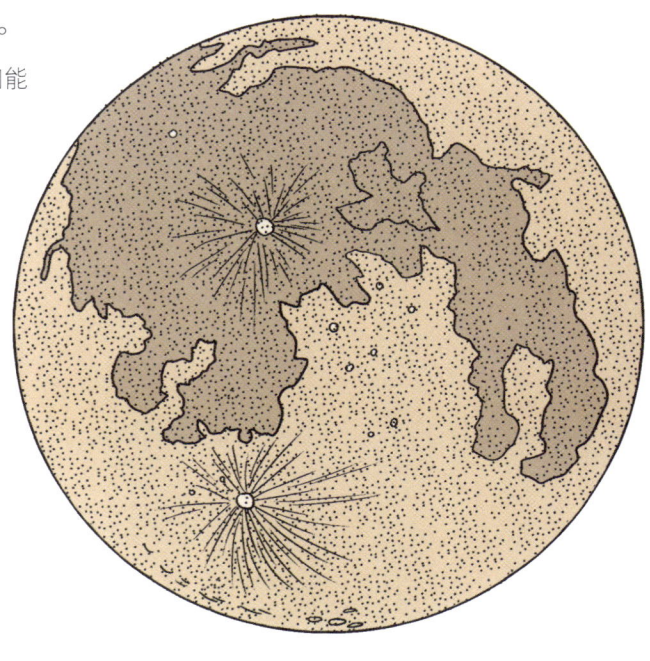

月球的构造和地球相似，中央为一个固体内核，之外是熔融状态的外核，再外面的一层是月幔，月幔主要由相当于地球上的基性岩和超基性岩等物质组成。月球的最外层是月壳，由花岗岩类岩石组成。

月球上没有大气，而且月球的地面物质的热容量和导热率很低，因此月球表面的昼夜温差很大。白天，月球表面太阳光垂直照射的地方的温度高达 120℃；夜晚，太阳光不再照射月球表面，热量也就跟着消失了，此时温度可降低至 −150℃。

第二章　我们居住的地球

月亮的变化

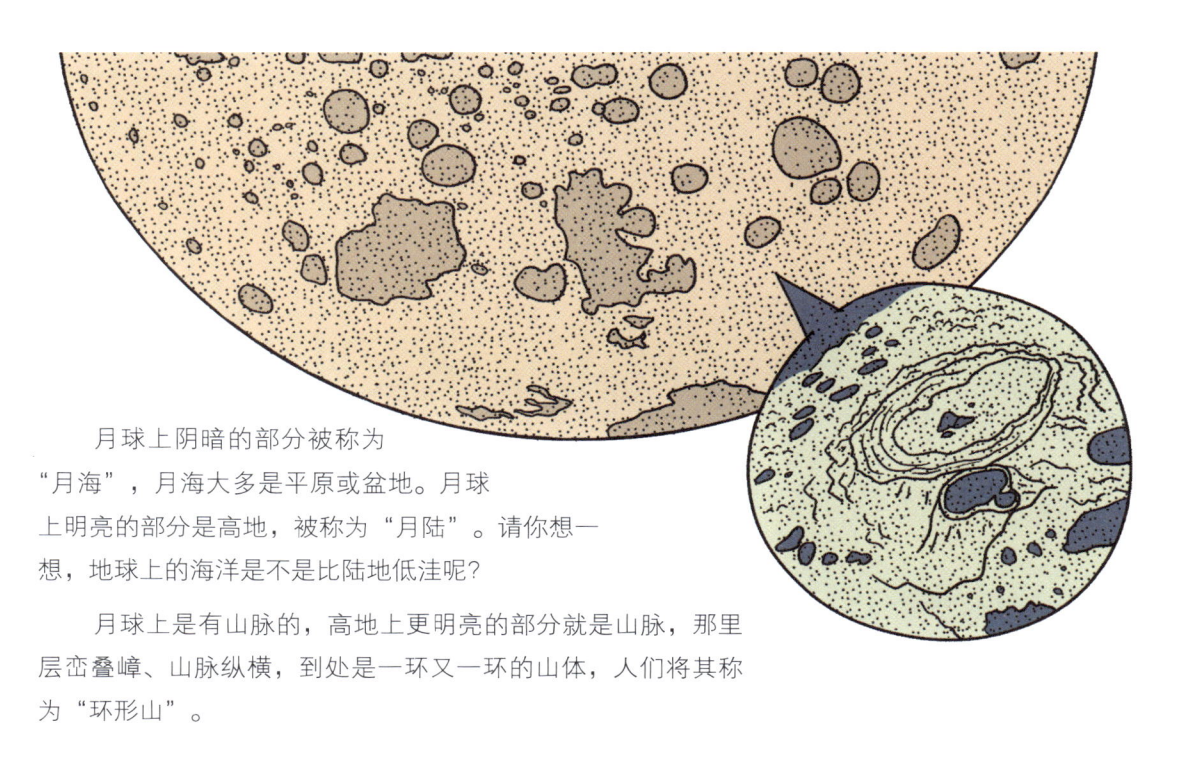

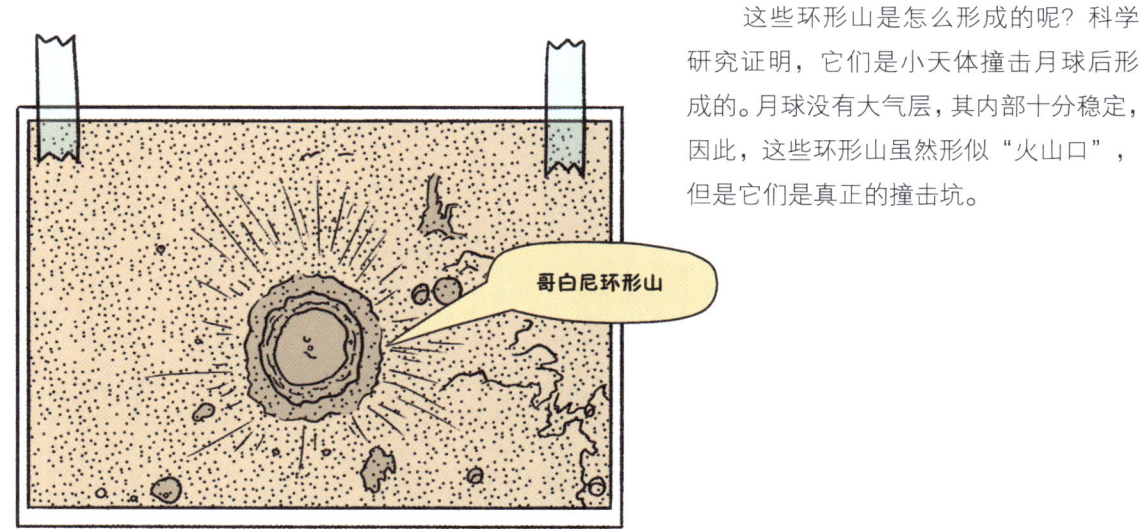

月球上阴暗的部分被称为"月海",月海大多是平原或盆地。月球上明亮的部分是高地,被称为"月陆"。请你想一想,地球上的海洋是不是比陆地低洼呢?

月球上是有山脉的,高地上更明亮的部分就是山脉,那里层峦叠嶂、山脉纵横,到处是一环又一环的山体,人们将其称为"环形山"。

这些环形山是怎么形成的呢?科学研究证明,它们是小天体撞击月球后形成的。月球没有大气层,其内部十分稳定,因此,这些环形山虽然形似"火山口",但是它们是真正的撞击坑。

哥白尼环形山

月球公转时间和自转时间相同，月球总是由一面对着地球，如果不借助探测器，那么人类就无法观测到月球的背面。

月球本身是不发光的，而是会反射一部分太阳光。这样，地球上的观测者就能随着太阳、月球、地球的相对位置的变化，在不同的时间看到月亮呈现出不同的形状，这就是月相的周期变化。

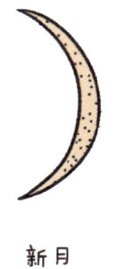

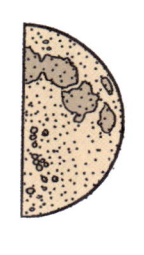

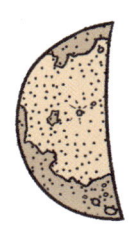

新月　　　　上弦月　　　　满月　　　　下弦月

朔月：月球位于地球和太阳之间，以黑暗面朝向地球，且与太阳几乎同时出没，人们在地球表面上无法看见月亮，此时的月亮就是"朔月"，这一天为农历的每月初一，人们把这一天称为"朔日"。

新月：在农历的每月月初，月球逐渐远离太阳，人们在地球表面上会发现月牙在渐渐露出来，人们把这几天的月亮称为"新月"。新月是指月亮仅露出月牙，并且朝右弯曲。随着月球的运动，月牙越来越大。

上弦月：农历的每月初七、初八，月地连线与日地连线的夹角约为90°，此时能看到一个半圆形的月亮，弦在左，弓背在右。

满月：到了农历的每月十五、十六，这时地球在太阳和月球的中间，月球被太阳照亮的那一半正好对着地球，此时地球上的人们看到的月亮就是"满月"，中国古人称之为"望"。由于月球正好在太阳的对面，因此当太阳在西边落下时，月亮从东边升起；当月亮落下时，太阳又从东边升起，一轮明月整夜可见。

下弦月：在满月以后，月球升起的时间一天比一天晚，能看到的月亮部分一天比一天小，到了农历每月二十三，满月亏去了一半，这时的月亮只在下半夜出现于东半部天空中，被称为"下弦月"。

快到月底的时候，月球又将运行到地球和太阳中间，在日出之前不久，残月由东方升起。到了农历的下个月初一，开始新的循环。

月食是一种比较奇特的现象。那么，月食是如何产生的呢？

当月球运行到地球的阴影中时，照射月球的太阳光就被地球挡住了，月球的一部分或全部不能被太阳光照亮，这时地球上的人不能完全看到月亮，这就是"月食"。月食发生时，太阳、地球、月球几乎在一条直线上，此时正是农历十五左右。

为什么发生月食时，月亮看起来是橙红色的呢？因为此时的月球虽然处在地球的阴影之中，但是地球的大气层会将太阳的光线折射一部分，再到达月球表面，而红光、橙光的偏折程度较大，最接近地球阴影，所以映在月球上后，呈现出橙红色。

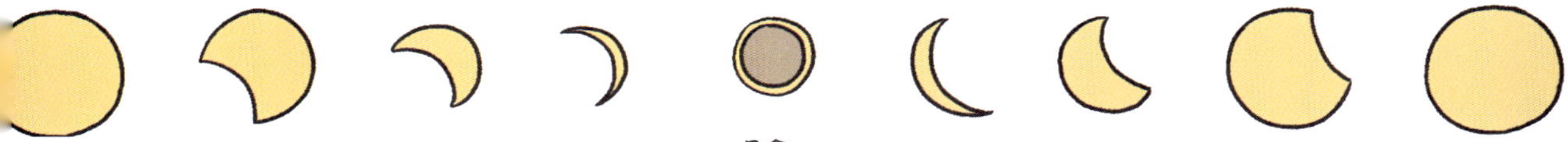

月食

第三章　向宇宙进发

人类的探月之旅——苏联

人类观测月球的历史十分悠久。直到1609年，托马斯·哈里奥特成为使用望远镜观测天空并绘制月球的第一人，随后他完成了首张月球地图的绘制。

20世纪50年代末期，苏联在运载火箭和人造卫星技术上"先行一步"，在月球探索上占得先机。

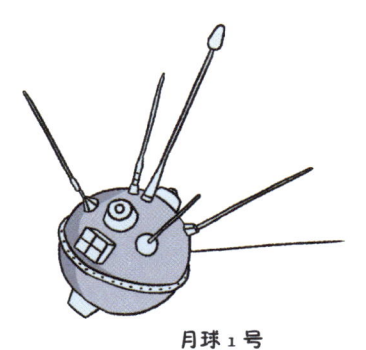

托马斯·哈里奥特是1560年出生在英国的著名天文学家、数学家、翻译家。

1959年1月，苏联发射了"月球1号"探测器。"月球1号"是苏联，也是人类发射成功的第一个月球探测器。"月球1号"从距离月球表面约6000千米处飞过，并在飞行的过程中统计了月球磁场、宇宙射线等数据。"月球1号"是人类首个抵达月球附近的探测器。

1959年9月，苏联发射了"月球2号"探测器。"月球2号"飞抵月球，在月球表面硬着陆，成为到达月球的第一位使者，但是它的无线电通信装置在撞击月球后停止了工作。

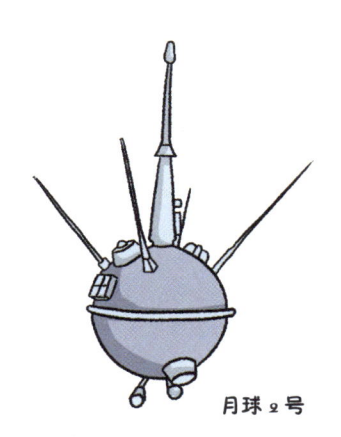

月球1号

月球2号

领先世界的苏联探月工程

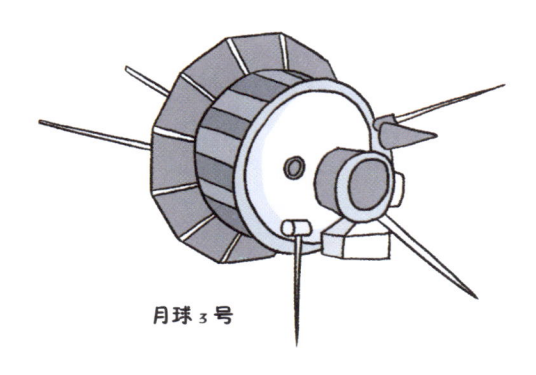

1959年10月，苏联发射了"月球3号"探测器，它从月球背面的上空飞过，拍摄并向地球发回了月球背面图片。这是人类首次获得的月球背面图片，人类第一次看到月球背面的景象。

月球3号

1966年1月，苏联发射了"月球9号"探测器。同年2月，"月球9号"成为人类首个实现在月球上软着陆的探测器，并且在随后的几天时间里发回了高分辨率照片。

1961年4月12日，苏联航天员尤里·阿列克谢耶维奇·加加林搭乘"东方一号"宇宙飞船升空，成为世界上第一个进入太空的人。

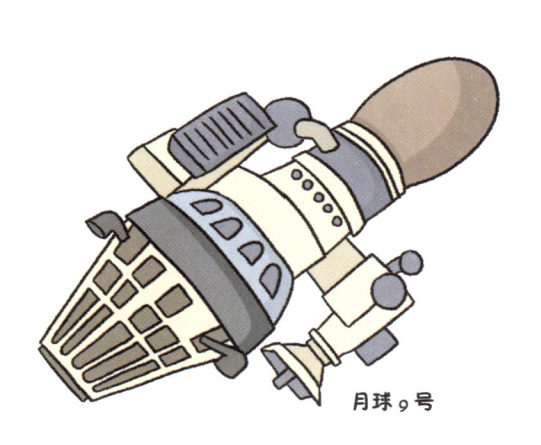

月球9号

1966年3月，苏联发射了"月球10号"探测器。几天后，该探测器进入环绕月球飞行的椭圆轨道，成为人类首个环绕月球飞行的探测器，同时它也是人类第一个成功环绕其他天体运行的飞行器。

月球10号

第三章 向宇宙进发　65

1968年9月,苏联的"探测器5号"载人测试飞船发射升空,经过几天的飞行后,它的返回舱溅落在印度洋上。"探测器5号"成为人类首个到达月球附近又返回地球的航天器。

1970年9月,苏联发射了"月球16号"探测器,它携带了105克月球样品安全返回地球,这是人类历史上第一个实现在月球上自动取样并返回地球的探测器。

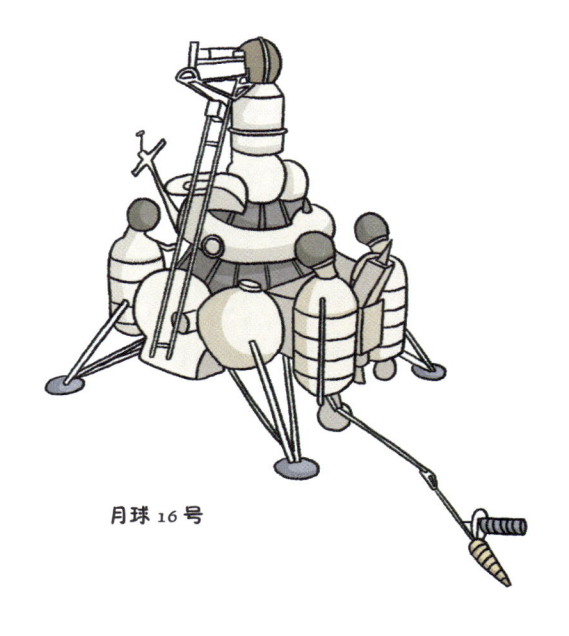

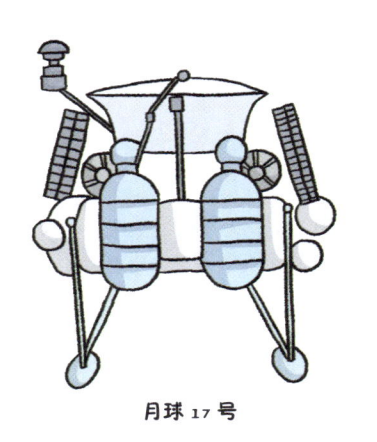

月球 16 号

1970年11月,苏联发射了携带"月球车1号"的"月球17号"探测器,几天后,"月球17号"成功降落在月球表面。随后,世界上首个月球地面巡视探测器——"月球车1号"开始进行月球表面的巡回考察,这是人类第一次在地球上对另一颗星球上的机器人进行远程控制。"月球车1号"在月球上工作了将近一年,考察了几万平方米的月球表面,分析了几百个点的月球土壤,并向地球发回了大量测量数据。

月球 17 号

1976年8月,苏联发射了"月球24号"探测器,这是苏联"月球计划"中最后一个将月球表面样本送回地球的探测器。

在"月球24号"完成月球采样返回任务后,苏联的探月活动陷入沉寂。

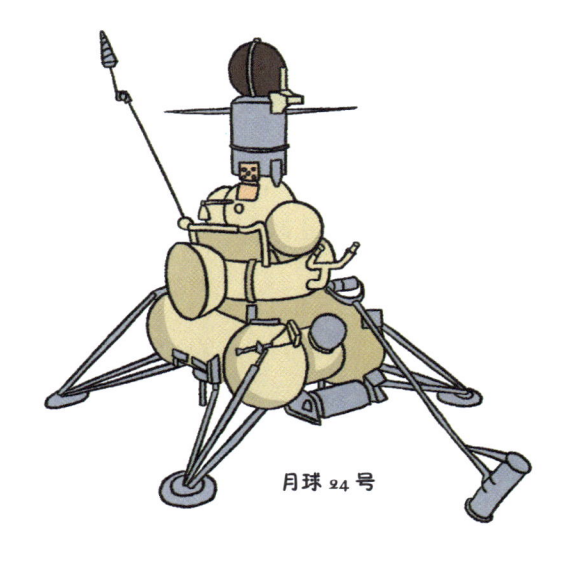

月球 24 号

人类的探月之旅——美国

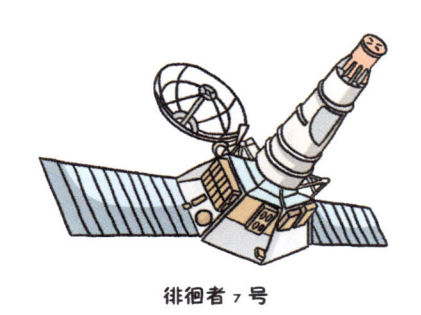

1961年5月，美国前总统约翰·肯尼迪在美国国会进行特别演讲时宣布，在20世纪60年代结束之前，美国将把人类送上月球并安全返回地面。这标志着在人类探月史上留下浓墨重彩的"阿波罗"计划正式启动。

1964年7月，美国发射了"徘徊者7号"探测器。该探测器在硬着陆月球表面之前，成功地拍摄了月球表面的照片，这是首批月球表面近景照片。

徘徊者7号

1965年至1966年，美国共发射了10艘两人驾驶的"双子星座号"飞船。"双子星座"计划是"阿波罗"计划的辅助计划，用来验证载人飞船变轨道飞行、交会与对接、舱外活动等技术。

1967年1月27日，航天员弗吉尔·格里索姆、爱德华·怀特和罗杰·查菲在当晚的一次演练中因火灾事故身亡。当时这场大火吞没了"阿波罗1号"飞船，而原计划为2月21日发射该飞船，并把他们送上轨道运行14天。

经过几次不载人的轨道飞行之后，1968年10月，"阿波罗"计划首次进行载人飞行试验，3名航天员乘坐"阿波罗7号"飞船由"土星1B"运载火箭送入环绕地球飞行的轨道。

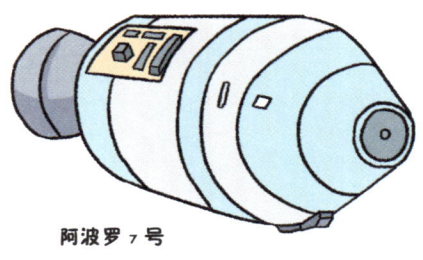

阿波罗7号

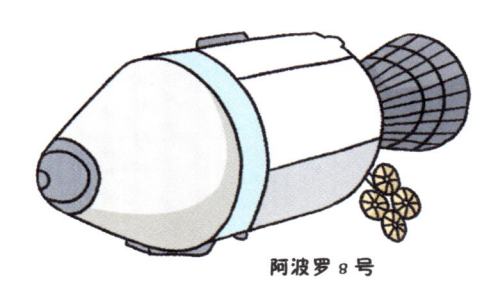

1968年12月，美国载有3名航天员的"阿波罗8号"飞船成功飞临月球上空，这是世界上第一艘飞到月球附近的载人飞船。

阿波罗8号

第三章　向宇宙进发

1969年7月16日，3名美国航天员尼尔·奥尔登·阿姆斯特朗、巴兹·奥尔德林和迈克尔·柯林斯乘坐的"阿波罗11号"飞船顺利升空，开启了登月之旅。

格林尼治标准时间7月20日20时17分，"阿波罗11号"的登月舱在月球表面静海区着陆，尼尔·奥尔登·阿姆斯特朗和巴兹·奥尔德林先后走出登月舱——人类的足迹第一次印在了月球上。

尼尔·奥尔登·阿姆斯特朗是人类历史上第一个踏上月球的航天员，也是第一个在地球外天体上留下脚印的人类成员。

中国的探月工程

中国的探月工程规划为"绕""落""回"三期。

绕：研制和发射月球探测卫星，进行绕月探测。

落：进行月球软着陆和自动巡视勘测。

回：进行月球样品自动取样返回探测。

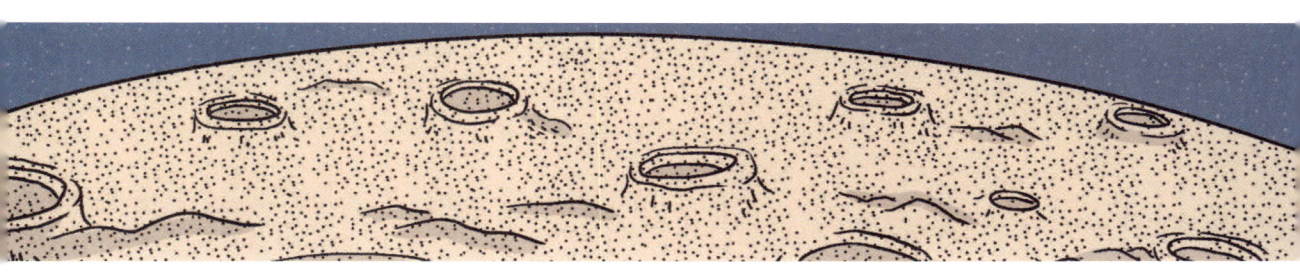

2004年，中国正式启动月球探测工程，并命名为"嫦娥工程"。

2007年10月24日18时05分，"嫦娥一号"卫星在西昌卫星发射中心成功发射升空。

2007年10月31日，"嫦娥一号"底部发动机点火，进入地月转移轨道。

2007年11月5日，"嫦娥一号"成功被月球引力捕获；11月7日，"嫦娥一号"准确进入月球轨道。

2007年11月26日9时40分，来自"嫦娥一号"的一段语音和歌曲《歌唱祖国》从月球轨道传回。

航天器想要到达其他天体，必须克服地球的引力，只有达到一定的飞行速度，在升空后适时地变轨，才能准确到达目的地。

第三章　向宇宙进发

"嫦娥一号"包含结构、热控、制导、导航与控制、推进、数据管理、测控数传、定向天线和有效载荷等多个分系统。这些分系统各司其职、协同工作，保证月球探测任务的顺利完成。

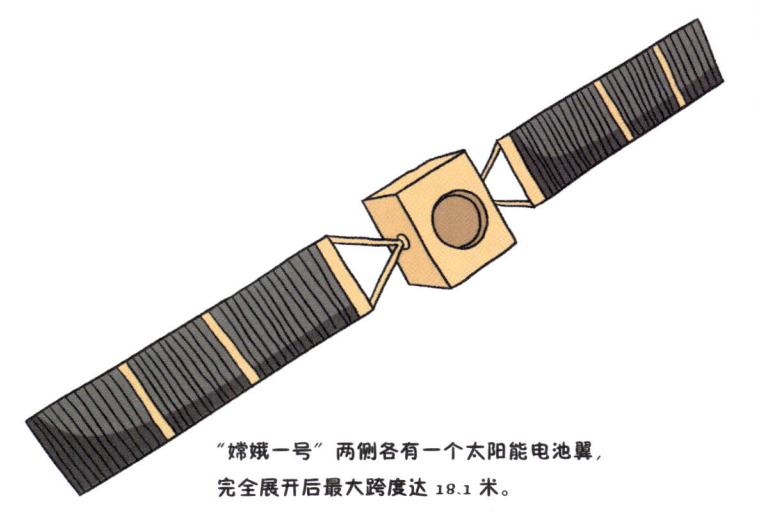

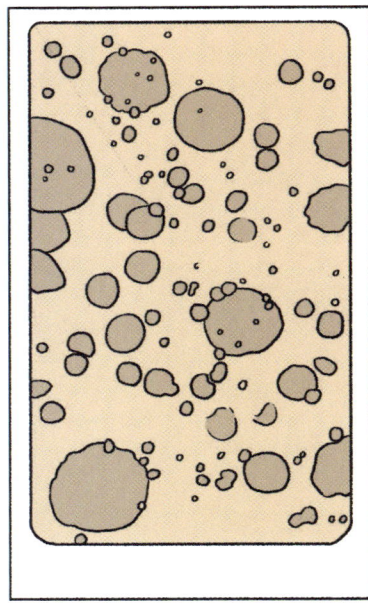

"嫦娥一号"两侧各有一个太阳能电池翼，完全展开后最大跨度达18.1米。

2007年11月26日，中国国家航天局正式公布了"嫦娥一号"传回的第一幅月面图像（此为手绘图），这标志着中国首次月球探测工程取得圆满成功。

　　2009年3月1日，"嫦娥一号"在地球任务控制中心的遥控下成功撞击月球。

　　"嫦娥一号"为中国后续的月球探测任务进行了先期试验验证，为"嫦娥二号""嫦娥三号"卫星的研制及飞行控制程序的设计提供了依据，验证了其执行更遥远的深空探测任务的可能性。

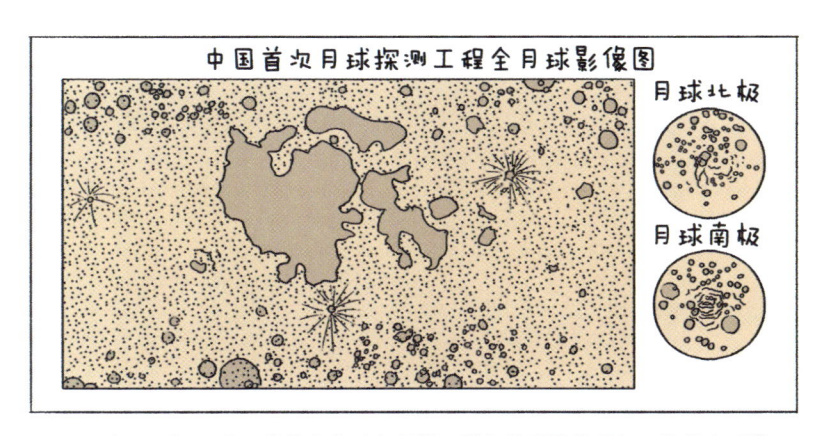

2008年11月12日，我国公布"中国第一幅全月球影像图"，这是当时世界上已公布的月球影像图中最完整的一幅。（此为手绘图）

再出发

2010年10月1日18时59分57秒，"嫦娥二号"搭乘"长征三号丙"运载火箭，在西昌卫星发射中心飞向太空。

中国再次向月球出发。

2010年10月6日，"嫦娥二号"被月球捕获，进入环月轨道；2011年8月25日，"嫦娥二号"进入日地拉格朗日L2点环绕轨道；2012年12月15日，"嫦娥二号"工程宣布收官。

2013年7月14日，成为我国首颗人造太阳系小行星的"嫦娥二号"卫星与地球间的距离突破了5000万千米。

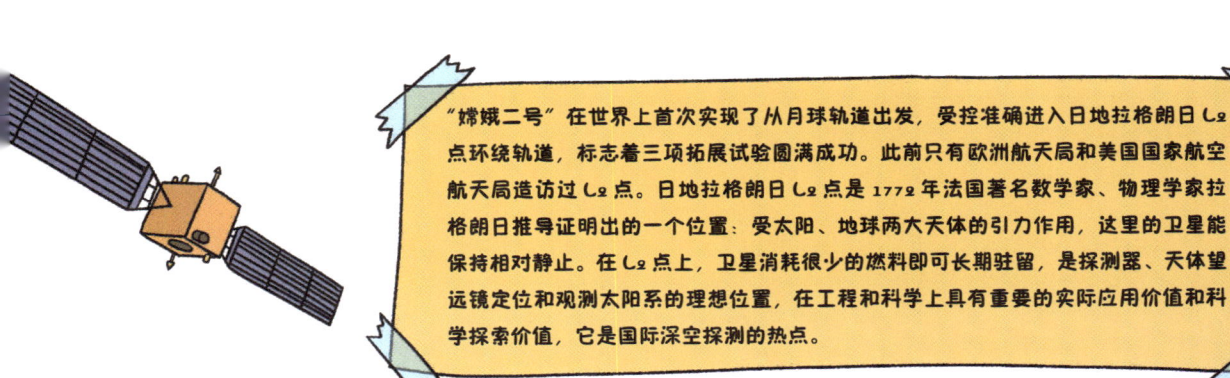

"嫦娥二号"在世界上首次实现了从月球轨道出发，受控准确进入日地拉格朗日L2点环绕轨道，标志着三项拓展试验圆满成功。此前只有欧洲航天局和美国国家航空航天局造访过L2点。日地拉格朗日L2点是1772年法国著名数学家、物理学家拉格朗日推导证明出的一个位置：受太阳、地球两大天体的引力作用，这里的卫星能保持相对静止。在L2点上，卫星消耗很少的燃料即可长期驻留，是探测器、天体望远镜定位和观测太阳系的理想位置，在工程和科学上具有重要的实际应用价值和科学探索价值，它是国际深空探测的热点。

第三章 向宇宙进发

丹聂耳撞击坑影像图(此为手绘图)

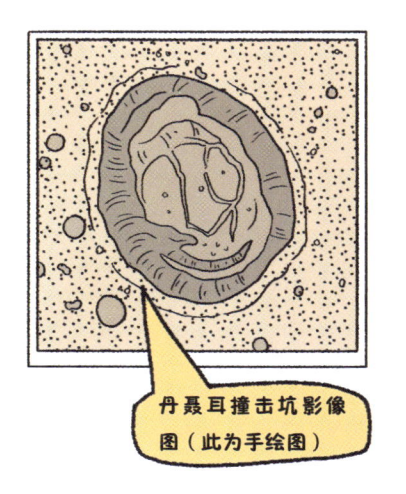

丹聂耳撞击坑影像图由"嫦娥二号"CCD立体相机拍摄，拍摄时间为2010年10月23日，拍摄时，"嫦娥二号"距月球表面约100千米。撞击坑的直径约为29千米，底部有明显的裂隙。

极区典型环形坑影像图由"嫦娥二号"拍摄，拍摄时间为2010年10月25日。图中环形坑的直径约为30千米。

极区典型环形坑影像图(此为手绘图)

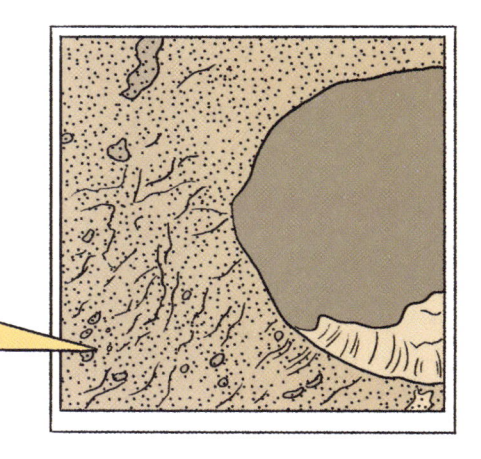

月球虹湾局部影像图(此为手绘图)

月球虹湾局部影像图由"嫦娥二号"拍摄，经辐射、光度、几何等校正处理后制作而成，拍摄时间为2010年10月28日，卫星距月球表面约18.7千米。影像图的中心位置为西经31°03′、北纬43°04′。

拉普拉斯-A环形坑三维景观图由"嫦娥二号"在距月球表面约20千米的轨道上拍摄。图中的环形坑位于雨海虹湾区域，直径约为9千米，深度约为1.7千米，拍摄时间为2010年10月28日。

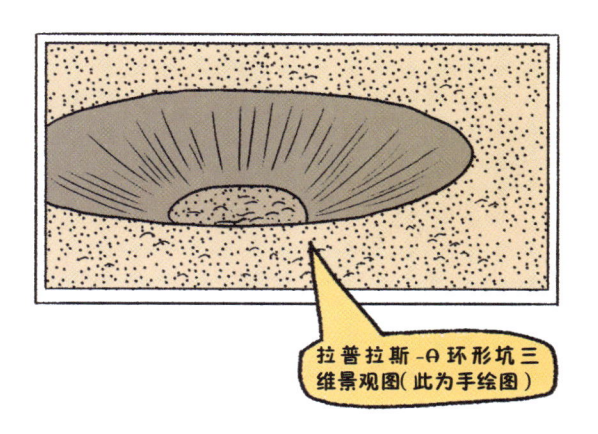

拉普拉斯-A环形坑三维景观图(此为手绘图)

继续前进

2013年12月2日，"嫦娥三号"探测器在西昌卫星发射中心成功发射。

2013年12月14日，"嫦娥三号"着陆月球，中国第一辆月球车——"玉兔号"成功驶上月球表面。

"玉兔号"是中国首辆月球车，其能源为太阳能，能够耐受月球表面真空、强辐射、极限温差等极端环境。2016年7月31日晚，"玉兔号"月球车超额完成任务，光荣"退休"。"玉兔号"预期服役3个月，实际上它一共在月球上工作了972天。

2018年5月21日，我国在西昌卫星发射中心使用"长征四号丙"运载火箭成功将"鹊桥"中继星发射升空。2018年12月8日，我国在西昌卫星发射中心使用"长征三号乙"运载火箭成功"嫦娥四号"探测器发射升空。"嫦娥四号"是中国探月工程二期发射的月球探测器，也是人类发射的第一个在月球背面着陆的探测器，2019年1月3日，它实现了人类首次在月球背面软着陆和巡视勘察，在月球背面留下了中国探月的第一行足迹，揭开了古老的月球背面的神秘面纱，开启了人类探索宇宙奥秘的新篇章。

第三章 向宇宙进发

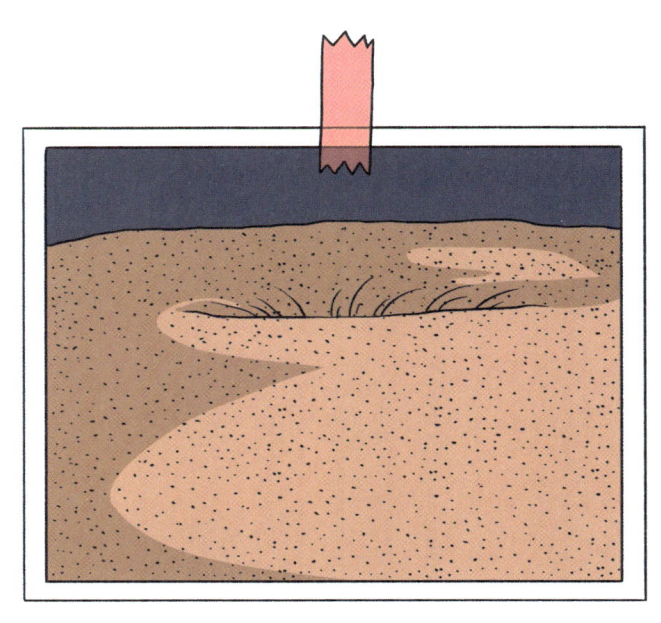

"嫦娥四号"着陆器监视相机 C 拍摄的着陆点南侧月球背面的图像（手绘图）

2020 年 11 月 24 日，"嫦娥五号"搭乘"长征五号遥五"运载火箭在文昌航天发射场顺利升空。在"过五关斩六将"，经历了月面着陆、自动采样、月面起飞、月轨交会对接等重重难关后，"嫦娥五号"成功将月球土壤样品带回了地球。这是自 1976 年苏联的"月球 24 号"无人探测任务以来，人类首次获得新的月壤样品。

中国航天又创造了新的历史，"嫦娥五号"的成功为中国探月工程"三步走"画上了圆满的句号。

经过多年的努力，中国探月工程"六战六捷"，最终圆满完成了我国首次地外天体采样返回任务。

未来，中国将向月球、火星乃至更遥远的深空继续前进。

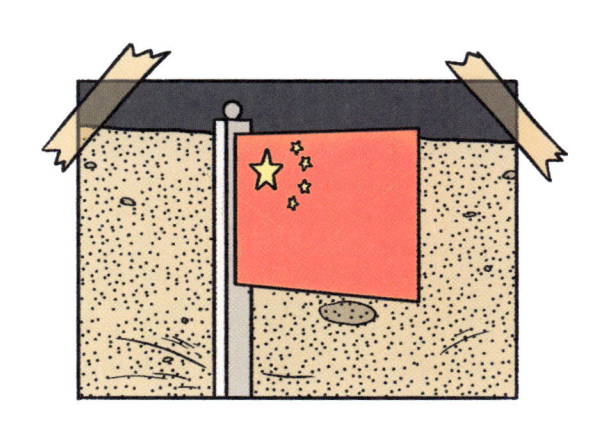

哈勃太空望远镜

有一台特殊的望远镜，它由人类发射到地球轨道上，至今还在不断地为人类服务，为人类发回茫茫太空的照片，它超长服役了 30 多年，它就是哈勃太空望远镜。

哈勃太空望远镜以美国天文学家爱德文·鲍威尔·哈勃的名字命名，于 1990 年 4 月 24 日由美国国家航空航天局成功发射，位于地球的大气层之上。

哈勃太空望远镜在距离地球表面 560 千米左右的轨道上以每小时 28000 千米的速度运行着，为人类拍摄太空的照片。

爱德文·鲍威尔·哈勃是第一个认识到银河系之外还有其他星系的人，他为宇宙膨胀论提供了实例证据，被誉为"星系天文学之父"。

哈勃太空望远镜一共经历了 5 次维修，分别为 1993 年、1997 年、1999 年、2001 年、2009 年。

1990 年至 1997 年，哈勃太空望远镜取得了惊人的成就。比如它发回地球的照片促进了人类对宇宙大小和年龄的了解，证明了某些星系的中央存在超高质量的黑洞，多数星系的中心都可能存在黑洞等。

第三章　向宇宙进发

阿雷西博望远镜

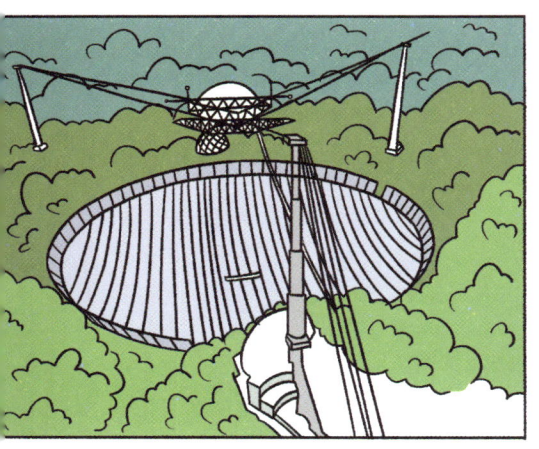

阿雷西博望远镜位于美属波多黎各岛的山谷之中，直径有300多米。

阿雷西博望远镜的观测站于1963年11月1日正式投入使用。

阿雷西博望远镜可以用来发现接近地球的小行星，还可以用来观测恒星、行星、彗星和月球。

1974年，科学家通过阿雷西博望远镜发现了第一个射电脉冲双星系统PSR 1913+16，再次将该"天眼"的探索推向新高，因为这次发现证实了引力波的存在。

1974年，美国麻省理工学院的物理学家约瑟夫·泰勒教授和他的学生拉塞尔·赫尔斯利用阿雷西博望远镜发现了由两颗质量大致与太阳相当的中子星组成的相互旋绕的双星系统。泰勒在之后的20年里进行了持续观测，观测结果符合广义相对论的预测。这是人类第一次得到引力波存在的间接证据，是对广义相对论引力理论的一项重要验证。泰勒和赫尔斯因此荣获了1993年诺贝尔物理学奖。

1992年，阿雷西博望远镜再次取得重大突破，波兰天文学家亚历山大·沃尔兹森和加拿大天文学家戴尔·弗雷欧在这里首次发现了太阳系外的行星系统。

取得过重大成果的阿雷西博望远镜在2020年经历了两次严重的电缆事故，在2020年12月1日，其悬挂的接收设备平台坠落并砸毁了反射盘（天线）表面，虽然没有人员伤亡，但是望远镜已不能使用。负责管理该望远镜的美国国家科学基金会宣布阿雷西博望远镜退役，并被拆除。

亚历山大·沃尔兹森

中国的"天眼"

"天眼"在我国传统神话故事中经常出现,二郎神的额头上就长着一只"公正、公平、可以洞察一切"的眼睛。

如今,中国建设了一个用来观测太空的"天眼",它是世界最大的单口径射电望远镜,它就是中国的 500 米口径球面射电望远镜,简称"FAST"。

第三章 向宇宙进发

"FAST"位于贵州省黔南布依族苗族自治州境内，于2011年3月动工，2020年1月11日通过国家验收。

"FAST"开创了巨型望远镜的新时代，它由反射面单元、索网、舱停靠平台、液压促动器等部分构成。其中，反射面的面积大约相当于30个足球场的面积，灵敏度达到世界第二大望远镜的2.5倍以上。"FAST"用于探索宇宙的起源和演化，大大拓宽了人类的视野。

"FAST"能够捕捉到130多亿光年外的信号。你说"FAST"看得远不远呢？

反射面的面积大约相当于30个足球场。

和阿雷西博望远镜相比，中国的"FAST"有极大的优化，那就是它有4450块反射面板，每块反射面板背后都有钢索牵引，这样就能使"眼睛"转动，改变方向，汇聚从太空传来的无线电波。阿雷西博望远镜只能朝着一个方向。

截至2023年2月，我国的"FAST"发现的脉冲星超过740颗，并在快速射电暴等研究领域取得了一系列重大突破。

脉冲星是质量、密度极大，磁场强度超过地球磁场万亿倍的天体。这样的天体在地面实验环境中根本模拟不出来，更别提研究其科学规律了，而"FAST"极宽的接收范围可以帮助我们找到脉冲星，并确定它的位置，从而帮助我们观察现象，总结物理规律。

宇宙飞船是什么

在纪录片、科幻电影、科幻小说中经常出现"宇宙飞船"这个词,那么"宇宙飞船"到底是什么呢?

宇宙飞船是一种航天器,它往返于地球与太空之间,将航天员、航天物资送到太空目的地。每艘宇宙飞船执行的任务不同,输送的内容也不同。

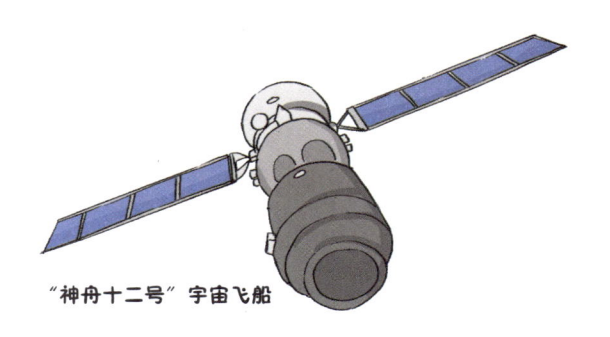

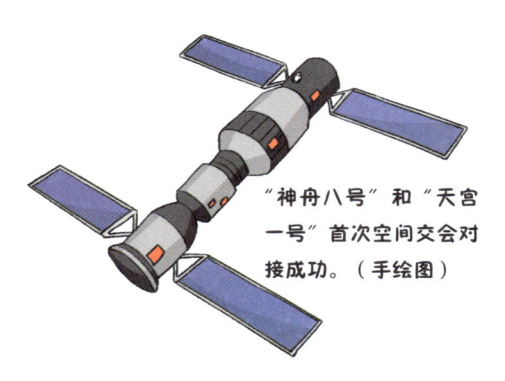

"神舟十二号"宇宙飞船

"神舟八号"和"天宫一号"首次空间交会对接成功。(手绘图)

根据构造,宇宙飞船可以分为3类:单舱型宇宙飞船、双舱型宇宙飞船、三舱型宇宙飞船。别看它们只是舱数不同,其实区别大着呢。

单舱型宇宙飞船最简单,只有航天员的座舱,是简易的太空交通工具。

双舱型宇宙飞船由座舱和服务舱组成,服务舱为航天员提供水、氧气等,大大改善了航天员的工作和生活环境。

目前,最复杂、最先进的宇宙飞船是三舱型宇宙飞船,它在双舱型宇宙飞船的基础上增加了一个轨道舱(卫星或飞船)或登月舱,用于扩大航天员的活动空间、进行科学实验等,可以说三舱型宇宙飞船是豪华的太空交通工具。

中国的宇宙飞船是"神舟系列",从"神舟一号"无人宇宙飞船到"神舟十六号"载人宇宙飞船。中国已经成为世界上第三个掌握载人航天技术、成功发射载人宇宙飞船的国家。

2021年7月20日,美国的杰夫·贝索斯、他的弟弟马克·贝索斯、已80多岁的女性航天先驱沃利·冯克,以及年仅18岁的物理系学生奥利佛·戴蒙搭乘私营航天公司"蓝色起源"的"新谢帕德号"火箭顺利进入太空旅行。10分钟20秒后,随着着陆器的安全降落,杰夫·贝索斯等4人结束了此次太空旅行。

杰夫·贝索斯

第三章 向宇宙进发

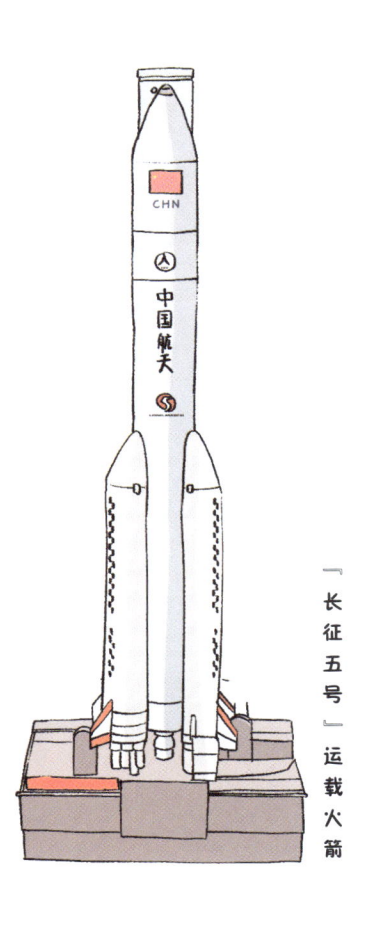

运载火箭

想要飞上太空，仅仅有宇宙飞船是不够的，我们还需要一个关键的"助手"——运载火箭。人造地球卫星、载人飞船、空间站或深空探测器等航天器想要进入预定轨道，就必须搭乘运载火箭。

运载火箭一般由箭体、动力装置系统和控制系统组成。只有各个系统相互配合、协作，运载火箭才能成功升空。

苏联的"东方号"系列运载火箭是世界上第一个航天运载火箭系列，它包括"卫星号""月球号""闪电号"等型号。"东方号"系列运载火箭创造了多个世界第一：发射了世界第一颗人造卫星、第一个月球探测器、第一个金星探测器、第一个火星探测器、第一艘载人飞船等。

1967年，世界上最大的运载火箭——"土星5号"运载火箭问世。它的长度达85米，直径达10米，起飞质量约2930吨，运载能力约127吨。从1967年到1973年，"土星5号"运载火箭共发射了13次，其中6次将"阿波罗"载人飞船送上月球，在人类航天史上写下了辉煌的一笔。

"长征五号"运载火箭

"东方号"运载火箭

"土星5号"运载火箭

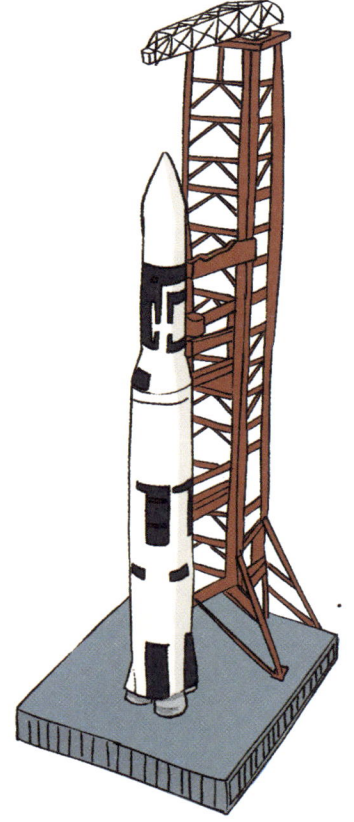

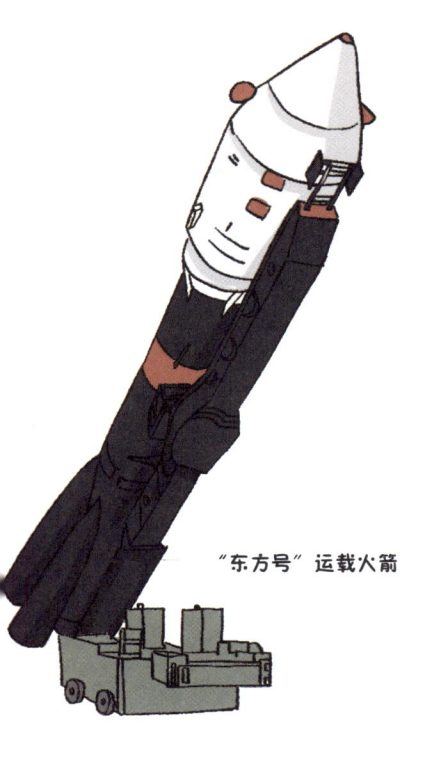

来源：CNSA"现代火箭之父：冯·布莱恩"

80 有趣的太空 >> 图解神秘的太空世界

世界载人航天大事记

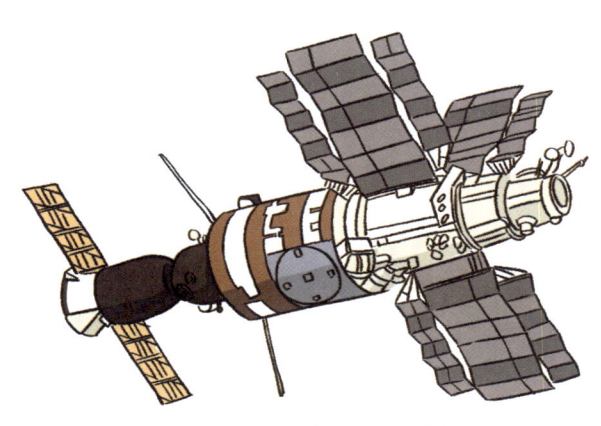

1961年4月12日，苏联航天员尤里·阿列克谢耶维奇·加加林搭乘"东方一号"宇宙飞船升空，在太空中飞行了108分钟，标志着人类首次进入太空。

1963年6月，苏联航天员瓦莲京娜·弗拉基米罗夫娜·捷列什科娃搭乘"东方6号"宇宙飞船升空，成为世界上第一位女性航天员。

1965年3月，苏联航天员阿列克谢·阿尔希波维奇·列昂诺夫走出"上升2号"宇宙飞船，实现了人类航天史上的首次太空行走。

"礼炮1号"空间站

1969年7月，美国航天员尼尔·奥尔登·阿姆斯特朗搭乘"阿波罗11号"飞船的登月舱登陆月球，在月球表面停留了21小时18分钟，在舱外活动了2小时21分钟，成为踏上月球的第一人。

1971年4月，苏联建造的"礼炮1号"空间站发射升空，这是人类历史上第一个宇宙空间站。

1975年7月，美国的"阿波罗号"飞船和苏联的"联盟19号"飞船在太空中联合飞行，这是人类载人航天史上的首次国际合作。

1984年2月，美国航天员布鲁斯·麦克坎德雷斯和罗伯特·斯图尔特完成了不系绳太空行走。什么是不系绳太空行走呢？就是航天员背着一个动力背包，他可以随时操纵背包从而使自己飞回太空舱，该操作的危险性很高，需要航天员具备足够的勇气。

1984年7月25日，苏联航天员斯韦特兰娜·萨维茨卡娅离开"礼炮7号"空间站，成为人类第一位在太空中行走的女性航天员。

斯韦特兰娜·萨维茨卡娅

第三章 向宇宙进发

俄罗斯的瓦列里·波利亚科夫于1994年至1995年间，在"和平号"空间站上连续停留了437天17小时。美国的香农·露西德于1996年在"和平号"空间站上停留了188天，这是她的第4次太空之旅，她的太空飞行记录已经累计达223天。

瓦列里·波利亚科夫

1986年1月28日，美国"挑战者号"航天飞机在升空73秒后发生爆炸，7位航天员全部遇难，这是美国航天史上也是人类航天史上最严重的航天灾难之一。

从1994年开始，美国航天飞机与俄罗斯"和平号"空间站先后进行了9次对接，取得了宝贵的经验。1998年，国际空间站的首个组件顺利升空，正式开启了国际空间站的建造任务，2010年，国际空间站完成建造任务后进入全面使用阶段。

国际空间站

第四章　中国的"飞天"路

我们的宇宙飞船

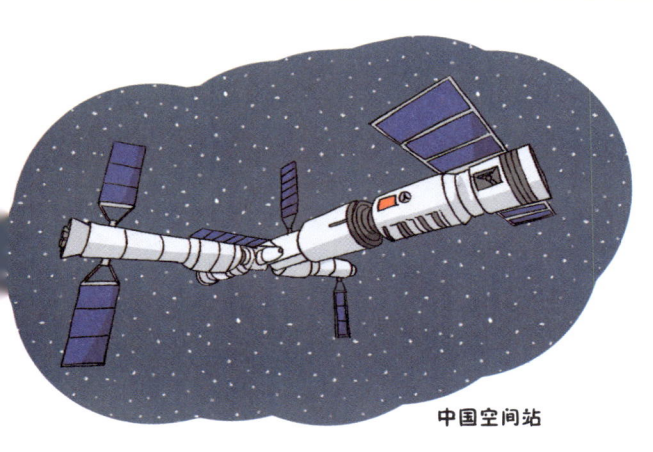

1992年9月21日，我国正式决定实施载人航天工程并确定了载人航天工程"三步走"战略。第一步，发射无人和载人飞船，建成初步配套的试验性载人飞船工程，开展空间应用实验。第二步，在第一艘载人飞船发射成功后，突破载人飞船和空间飞行器的交会对接技术，并利用载人飞船技术改装、发射一个空间实验室，解决有一定规模的、短期有人照料的空间应用问题。第三步，建造空间站，解决有较大规模的、长期有人照料的空间应用问题。

中国空间站

1999年11月，中国第一艘无人飞船"神舟一号"成功发射并返回。这是中国航天史上的一个里程碑，标志着中国载人航天技术获得了新的重大突破。

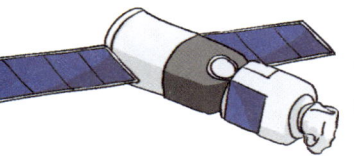

"神舟一号"：实现天地往返重大突破

2001年1月，中国第二艘无人飞船"神舟二号"成功发射并在内蒙古中部地区成功着陆，它是中国第一艘正样无人飞船，标志着中国向实现载人航天飞行迈出了可喜的一步。

"神舟二号"：中国第一艘正样无人飞船

2002年12月，"神舟四号"无人飞船在经受-29℃的考验后成功发射，突破了中国低温发射的历史纪录。

2003年10月，中国第一艘载人飞船"神舟五号"成功发射。中国航天员杨利伟成为浩瀚太空的第一位中国访客，这标志着中国已经成为世界上第三个能够独立开展载人航天活动的国家。

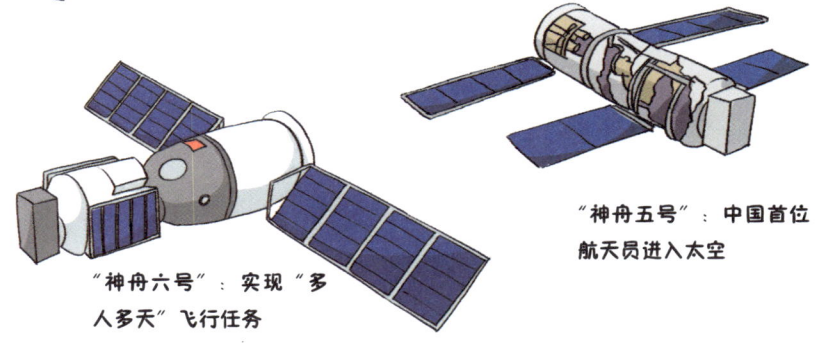

"神舟四号"：突破中国低温发射的历史纪录

2005年10月，中国第二艘载人飞船"神舟六号"成功发射，航天员费俊龙、聂海胜被顺利送上太空。"神舟六号"是中国第一艘执行"多人多天"飞行任务的载人飞船。

"神舟六号"：实现"多人多天"飞行任务

"神舟五号"：中国首位航天员进入太空

第四章　中国的"飞天"路　83

"神舟七号"：航天员出舱在太空中行走

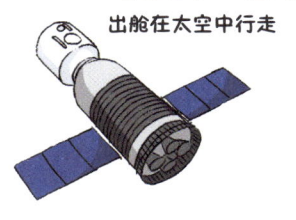

"神舟九号"：完成中国首次载人太空对接任务

"神舟十号"：为载人航天空间站的建设奠定了基础

"神舟十二号"：完成5项"中国首次"

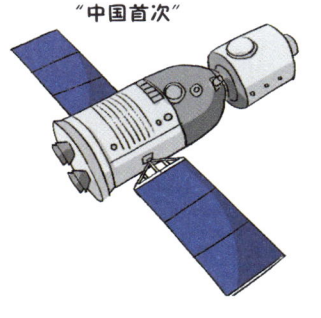

2008年9月，中国第三艘载人飞船"神舟七号"成功发射，翟志刚身着中国研制的"飞天"舱外航天服，在身着俄罗斯研制的"海鹰"舱外航天服的刘伯明的辅助下进行了出舱活动。

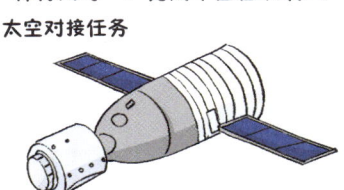

2012年6月，"神舟九号"发射升空，与"天宫一号"实现自动交会对接。其返回舱在内蒙古主着陆场安全着陆，圆满完成了我国首次载人太空对接任务。

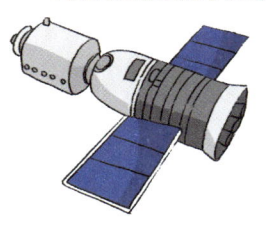

"神舟十号"于2013年6月发射升空，然后与"天宫一号"实现了手控交会对接，最后在内蒙古主着陆场安全着陆，为后续载人航天空间站的建设奠定了基础。

2021年6月，"神舟十二号"载人飞船发射升空，它完成了5项"中国首次"——首次实施载人飞船自主快速交会对接、首次实施绕飞空间站并与空间站径向交会、首次实现长期在轨停靠、首次具备从不同高度轨道返回东风着陆场的能力、首次具备天地结合多重保证的应急救援能力。

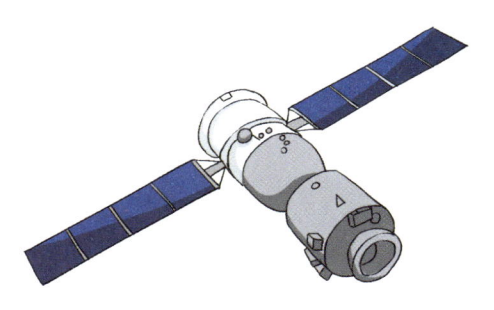

2011年，"神舟八号"（未载人）发射升空，与"天宫一号"完成对接，形成了组合体，实现了中国空间技术的重大跨越，是中国载人航天事业发展历程中的重要里程碑。

"神舟八号"：与"天宫一号"实现对接

"神舟十一号"于2016年10月发射升空，与"天宫二号"实现了自动对接，创造了中国载人航天在轨飞行30天的新纪录，成为中国载人航天事业发展历程中的一个新的里程碑。

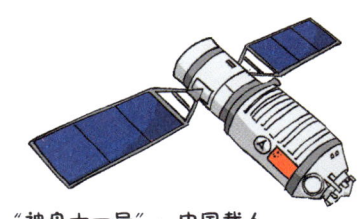

"神舟十一号"：中国载人航天在轨飞行新的里程碑

2021年10月，"神舟十三号"载人飞船成功发射，翟志刚、王亚平和叶光富3位航天员进入中国空间站的"天和"核心舱。王亚平成为中国首位进行出舱活动的女性航天员，迈出了中国女性舱外太空行走的第一步。

"神舟十三号"：迈出中国女性舱外太空行走的第一步

中国酒泉卫星发射中心

要想让托举着宇宙飞船的火箭飞向太空，就必须有发射场所，这个发射场所就是航天发射中心。

中国酒泉卫星发射中心位于甘肃省酒泉市金塔县，它是中国科学卫星、技术试验卫星和运载火箭的发射试验基地之一，也是中国创建最早、规模最大的综合型导弹发射基地，也被称为"东风航天城"。

中国酒泉卫星发射中心是世界三大载人航天发射中心之一，它先后完成了中国第一枚地对地导弹发射、第一次导弹核武器试验、第一颗人造地球卫星发射、第一颗返回式人造地球卫星发射、第一枚远程弹道导弹发射、第一次"一箭三星"发射、第一次为国外卫星提供发射搭载服务、第一艘载人飞船发射等。

发射载人飞船为何选在中国酒泉卫星发射中心？

选在中国酒泉卫星发射中心是考虑到载人飞船能够安全且正常地着陆。中国科学院院士、"长征二号F"火箭原总设计师刘竹生介绍："载人飞船的着陆场通常要选择在广袤平坦、人迹罕至的地方，这样既可以避免返回舱在着陆时因特殊地形而受损，确保航天员的安全，又能防止返回舱在降落时砸到人。"而着陆场的位置与发射场的位置相关，在中国酒泉卫星发射中心发射的载人飞船，返回时将在理想的着陆场着陆。

火箭发射需要干燥的天气。中国酒泉卫星发射中心所在地区一年四季的大部分时间干旱少雨，这是我国其他卫星发射中心不具备的气候条件，有助于火箭的电气绝缘。尽管我国的系列火箭已经改进、完善，能够适应湿热气候，但是科学实验必须严谨，因此载人飞船仍旧会首选在中国酒泉卫星发射中心发射。

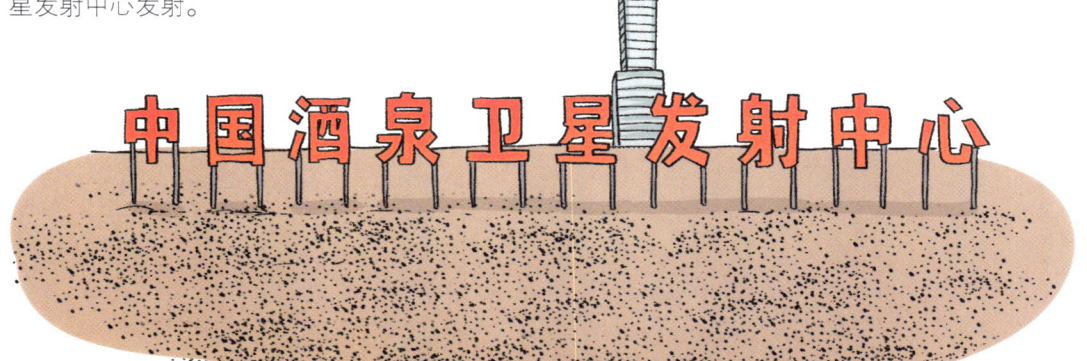

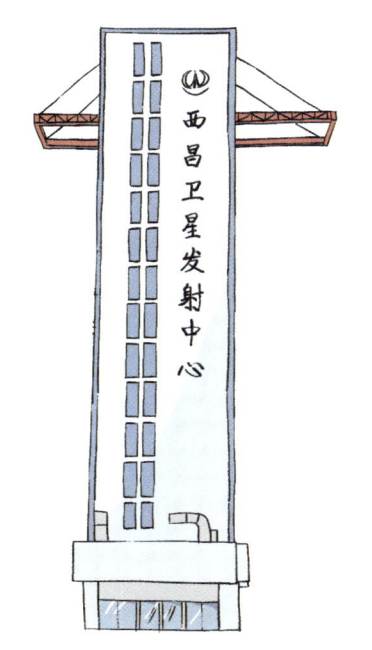

西昌卫星发射中心

西昌卫星发射中心位于四川省凉山彝族自治州冕宁县。

1970年，西昌卫星发射中心开始建设，1982年正式投入使用。

1984年4月8日，西昌卫星发射中心成功发射了我国第一颗地球同步轨道卫星。

1986年2月1日，西昌卫星发射中心成功发射了我国第一颗通信广播卫星——"东方红二号"。而在"东方红二号"发射成功之前，我国人民看电视都是租用国外的卫星来传输信号的。

"东方红二号"的主体结构为圆柱形

1990年4月7日，"亚洲一号"搭乘我国自主研制的"长征三号"运载火箭在西昌卫星发射中心成功发射。"亚洲一号"由美国休斯公司制造，这是我国第一次成功承揽并发射外国卫星。

为什么选择西昌作为卫星发射中心呢？

首先，它的位置十分优越。西昌卫星发射中心位于四川省凉山彝族自治州的峡谷之中，这里地质结构坚实，不易坍塌，能承受住火箭发射引起的共振。其次，西昌的年平均气温是18℃，年日照时长能达到300天以上，气候宜人，视野广阔，没有雾霾。最后，火箭的发射不宜在很冷的地方，西昌的纬度约在北纬28°02'，十分适合作为卫星发射中心。

文昌航天发射场

文昌航天发射场隶属于西昌卫星发射中心，位于中国海南省文昌市龙楼镇，它是一个十分特殊的发射场，因为它是中国首个滨海发射场，也是世界上为数不多的低纬度发射场之一。"长征五号"系列运载火箭和"长征七号"系列运载火箭都是在这里发射的。

为什么选择文昌作为航天发射场呢？

首先，火箭的箭体是十分庞大的，如果通过陆路运输，难免受到桥梁、涵洞的限制，文昌航天发射场地处海滨，许多大直径运载火箭可以通过海上运输的方式到达这里。

其次，相较酒泉和西昌，文昌的纬度更低，可以利用地球自转的惯性离心力降低燃料的消耗，从而达到提高发射成功率、延长卫星使用寿命的目的。

最后，文昌航天发射场的射向宽，可以提高发射的安全性。文昌航天发射场从东射向到南射向 1000 千米的范围内绝大部分为海域，从这里发射火箭，其残骸会坠落在海上，造成意外事故的概率极低。

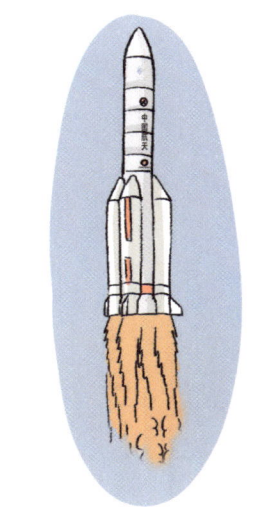

如果你想看火箭发射，那么你可以在有发射任务的时候前往文昌市龙楼镇。幸运的话，你还能走进卫星发射基地参观呢！

第四章 中国的"飞天"路

太原卫星发射中心

太原卫星发射中心位于山西省忻州市岢岚县原神堂坪乡的高原地区。

太原卫星发射中心始建于1967年，1988年投入使用。

中国在这里发射了太阳同步轨道气象卫星"风云一号"、第一颗中巴"资源一号"卫星、第一颗海洋资源勘察卫星等，创造了中国卫星发射史上的多项"第一"。

2021年10月14日，我国首颗太阳探测科学技术试验卫星"羲和号"在太原卫星发射中心成功发射升空。

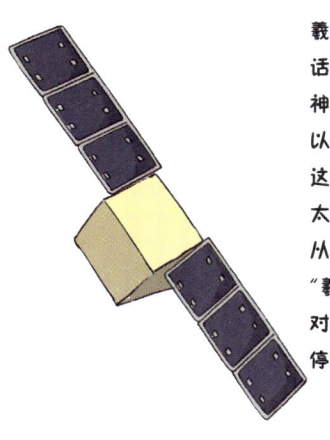

羲和是我国上古神话故事中的太阳女神，她制定历法，以母亲的形象出现。这是我国第一次对太阳起源进行探索，从"夸父追日"到"羲和探日"，中国对太空的探测从不停歇。

为什么会选择这里作为卫星发射中心呢？

太原卫星发射中心的地理位置很好，它位于我国黄土高原地区，海拔在1500米左右。这里全年气候变化比较小，而且地势开阔，与中国酒泉卫星发射中心和西昌卫星发射中心一样，是天然的卫星发射中心。

除了以上四大陆上卫星发射场所，我国还在山东省海阳市建设了中国东方航天港，这里是我国首个支持海上发射的火箭发射基地。

"北斗卫星导航系统"是什么

你知道我们的导航是如何运行的吗？这和我们在新闻里听到的"北斗卫星导航系统"有密不可分的联系。

北斗卫星导航系统（简称"北斗系统"）是中国自主建设、运行的全球卫星导航系统，是继美国的 GPS、俄罗斯的 GLONASS 之后，全球第三个成熟的全球卫星导航系统。在建设"北斗系统"之前，我国的导航用的都是国外系统，这直接限制了我国的军事、经济、科技等领域的发展。所以"北斗系统"是我国重要的基础设施建设项目。

"北斗系统"是怎样工作的呢？它先测算出已知位置的卫星到用户接收机之间的距离，然后综合多颗卫星的数据，就可以测算出接收机的具体位置。

1994 年，我国就开始了"北斗系统"的建设。2020 年 6 月 23 日，我国成功发射了"北斗系统"第 55 颗人造导航卫星，这是"北斗系统"的最后一颗全球组网卫星。

2020 年 7 月 31 日上午，"北斗系统"正式开通。2035 年前，我们的"北斗系统"将建设得更加完善、更加融合、更加智能。

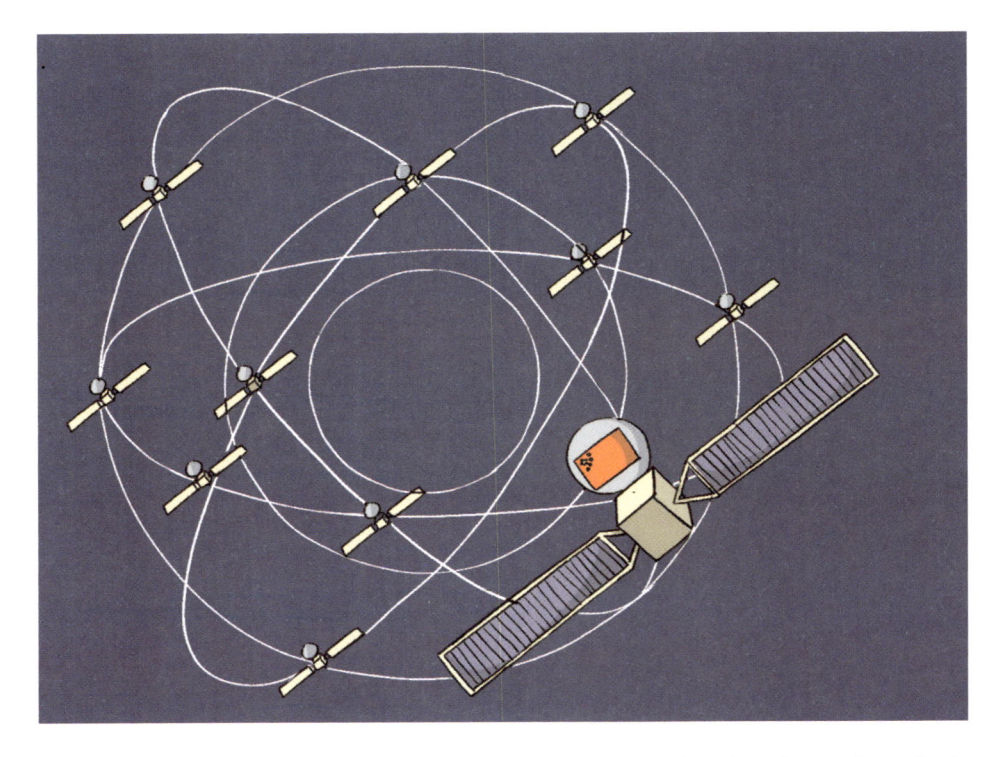

国际空间站

空间站是什么？

空间站是一种在近地轨道长时间运行，可供多名航天员巡访、长期工作和生活的载人航天器。可以说，它是航天员在太空的家。

空间站距离地球大约 400 千米，在空间站上能够清晰地欣赏我们可爱的家园——地球。

国际空间站是一个太空实验室，它拥有现代化的科研设备，可以开展大规模、多学科基础和应用科学研究，它使人类可以在近地轨道长期驻留，从而更方便地观察地球与太空。

国际空间站是以美国、俄罗斯为首的 16 个国家共同建造的，并供这些国家使用，是人类有史以

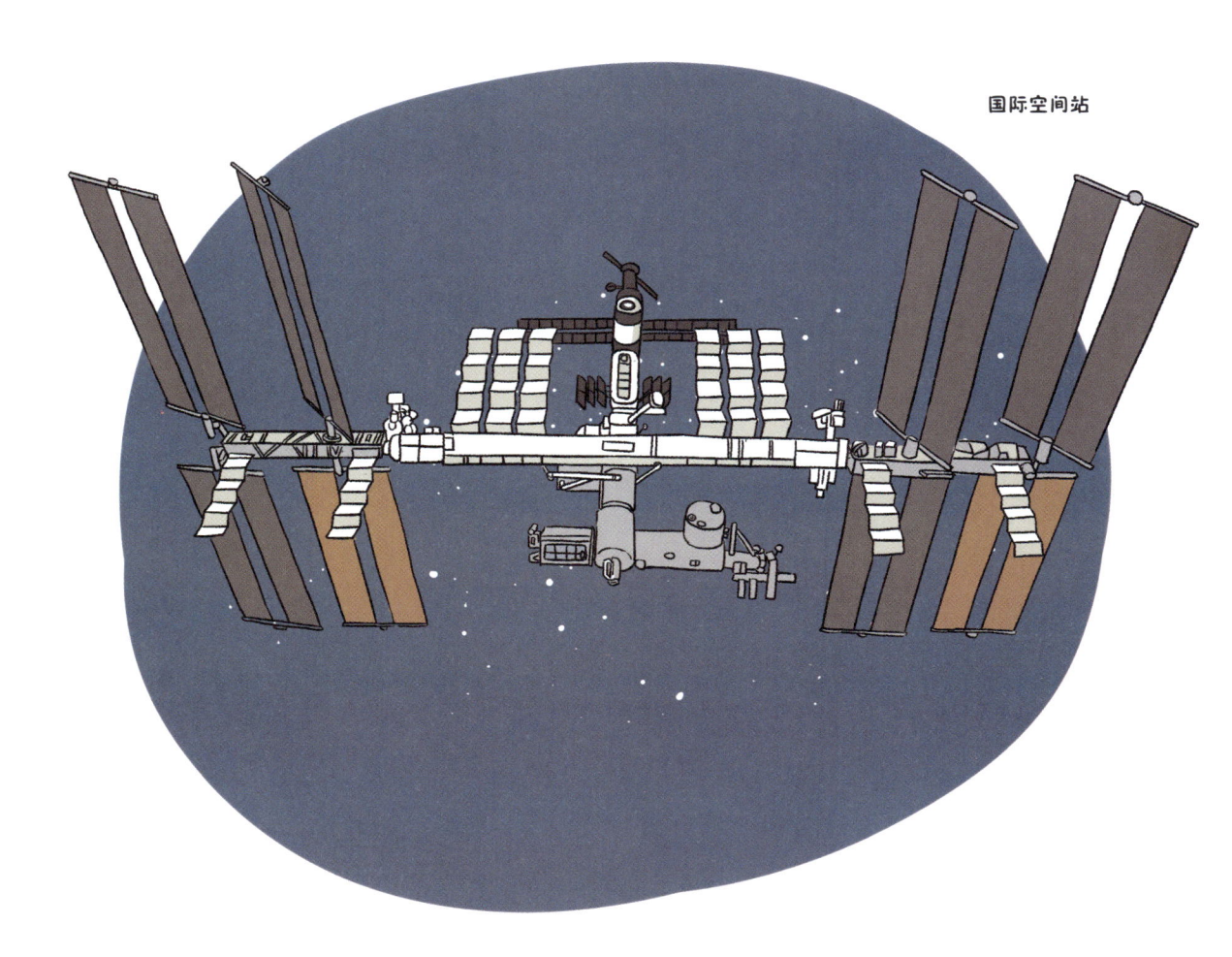

国际空间站

来规模最大、耗时最长的空间国际合作项目。国际空间站自 1998 年正式开始建造以来，经过多年的努力，于 2010 年建造完成，并全面投入使用。

国际空间站的总质量超过 400 吨，大约每 92 分钟环绕地球运行一周。

国际空间站的设计非常复杂，不过从整体上来看，它以桁架为基本结构，增压舱和其他服务设施挂靠在桁架上，所以看起来它就像一个衣架。

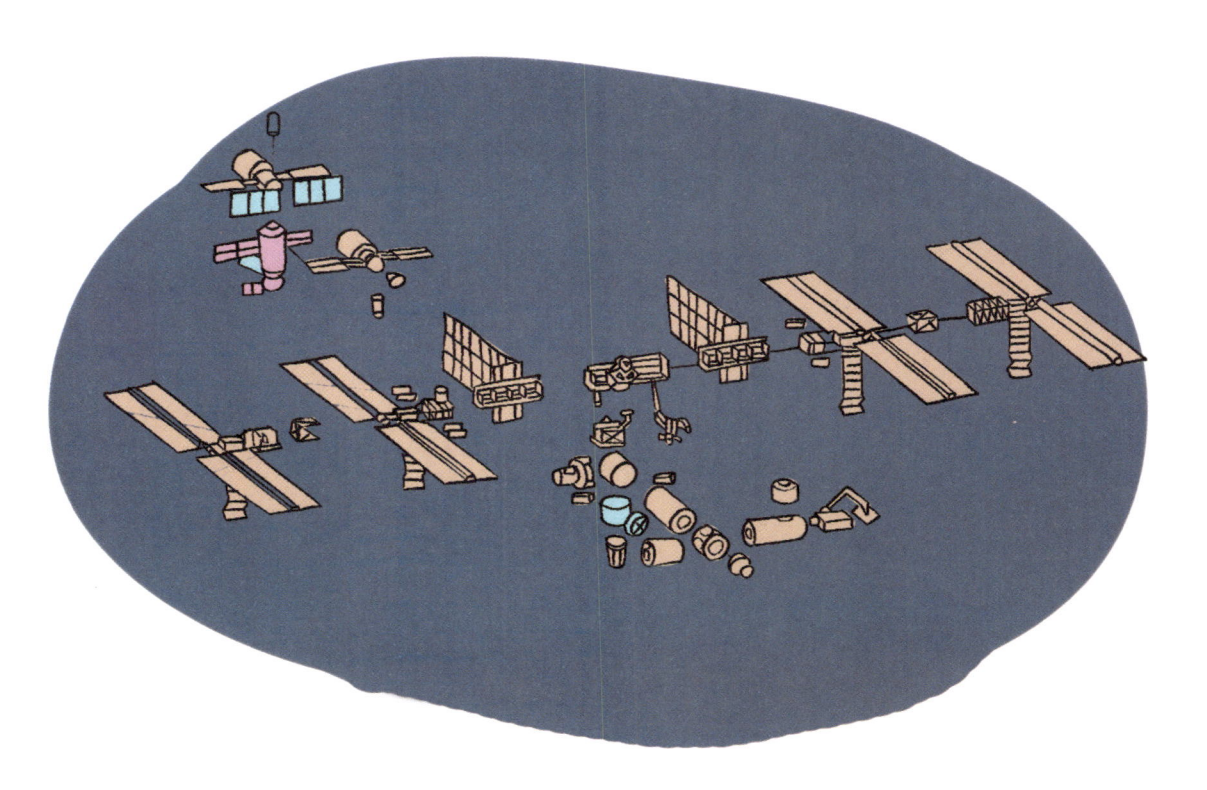

国际空间站的站徽

国际空间站以桁架为基础，配备了居住舱、服务舱、功能货舱、实验舱、3 个节点舱、能源系统和太阳能电池翼、移动服务系统。

第四章 中国的"飞天"路

中国空间站

从无人飞行到载人飞行，从一人到多人，从几个小时到几十天，从舱内实验到太空行走……中国人探索太空的脚步从未停歇。现在，我国正在建造自己的空间站，这个空间站有个美好的名字——"天宫"。

2010年，中国正式开启中国载人空间站建造工程。

空间站的轨道高度和国际空间站差不多，都在距离地面400千米左右的高空，设计寿命为10年，可以容纳3位航天员长期驻留。

2021年4月29日，中国在文昌航天发射场成功将空间站的"天和"核心舱送入预定轨道，中国正式迈出了空间站建造的第一步。

"罗马不是一天建成的"，和国际空间站一样，中国空间站也需要一次又一次地在轨组装。

目前，中国空间站由"天和"核心舱、"梦天"实验舱、"问天"实验舱、"神舟"系列载人飞船和"天舟"系列货运飞船5个模块组成。它们既可以独立飞行，又可以组合成多种形态的空间组合体，协同工作，完成各项任务。

"神舟"系列载人飞船：负责接送航天员，使他们顺利地在地球和太空之间往返。

"问天"实验舱和"梦天"实验舱：这2个实验舱是用来支持航天员驻留、出舱活动，供航天员进行科学实验的地方。它们是"天和"核心舱的备份。

"天和"核心舱：轴向总长16.6米，直径达到4.2米，总质量约为22.5吨。

"天和"核心舱是空间站的管理和控制中心，可供航天员生活居住，航天员可在这里长期驻留。"天和"核心舱有5个对接口，可以对接一艘货运飞船、两艘载人飞船和两个实验舱，还有一个可以让航天员出舱活动的出舱口。

"天舟"系列货运飞船：货运飞船的主要任务是完成空间站的设备更换，补给推进剂及航天员的工作、生活用品。

中国为什么要建造自己的空间站？

空间站就像太空里的"航空母舰"，它能让航天员长期驻留太空进行实验研究。国际空间站由美国、俄罗斯、加拿大、日本等16个国家联合建造，积极开展国际合作，却从未向中国敞开大门。

"别人有，不如自己有！"怀着这样的信念，中国走上了自主研制、建造空间站的道路，中国空间站完全由中国自主建造，产品、组件及原材料实现了国产化。

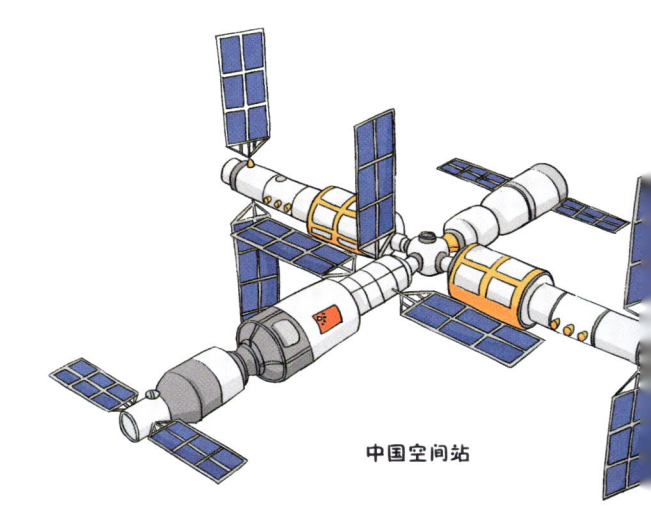

中国空间站

航天服

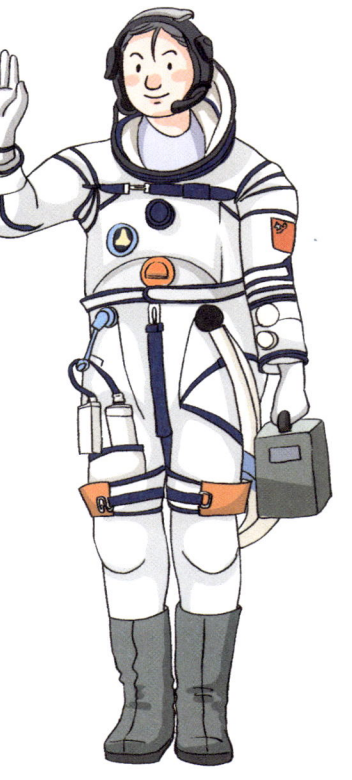

我们在观看科幻片时，总能看到航天员穿着厚厚的航天服。在各国的太空探索中，我们也能看到航天员身着相似的服装。那么航天服和普通的衣服究竟有何不同呢？我们一起来看一看。

航天服分为舱内航天服、舱外航天服两种，舱内航天服的主要作用是满足航天员在空间站舱内的工作需要，以及应对航天员在航天过程中可能发生的意外，从而保护航天员。舱内航天服与舱内配套的供氧设备连接。它比舱外航天服轻，一般是为航天员专门定制的。

舱外航天服的任务则更加繁重，它要保证航天员完美执行太空行走任务，它是保障航天员生命安全、支持航天员舱外工作的个人密闭装备，可以抵挡真空、高温和低温、太阳辐射和微流星等环境因素对航天员身体的危害。

我国研制的第一代"飞天"舱外航天服的整体设计和各部件的设计、组装都是自主完成的。每套舱外航天服的总质量约为 120 千克，造价约为 3000 万元，可以在太空中工作 4 个小时。"飞天"舱外航天服还有舱外通信功能。

"飞天"舱外航天服的左臂上印有鲜红的中国国旗，右臂上有两个大字——"飞天"。

"飞天"舱外航天服

大家是否注意到航天员在出征时都提着一个小盒子？那可不是维修盒，而是一台小型手持便携通风装置，其自带电源和风扇，可以说是一个"迷你小空调"。因为航天服很重、很厚，航天员们穿着它是很热的，小盒子能为航天员们提供充足的通风量，使他们处于舒适的状态。

空间站的生活

说起空间站,人们首先想到的是先进的技术、冷冰冰的外壳,给人的感觉非常"高冷"。

其实,真实的空间站绝对没有如此简单,空间站就像我们的"房车"一样,它的特殊之处在于其配有实验室并且是飘浮在太空中的。"麻雀虽小,五脏俱全",空间站的设备能够保证航天员顺利地进行实验和生活。

太空环境中是真空环境,为什么空间站中的氧气取之不尽、用之不竭呢?

在空间站中,科学家设计的设备能够将太阳能转换为电能,并可以通过电解水提供可呼吸的氧气,从而满足航天员的呼吸需要。

那么,水从哪里来呢?

水的来源主要有两种:货运飞船补给的水,取自地球;在太空中自产水,比如使用燃料电池生成水。

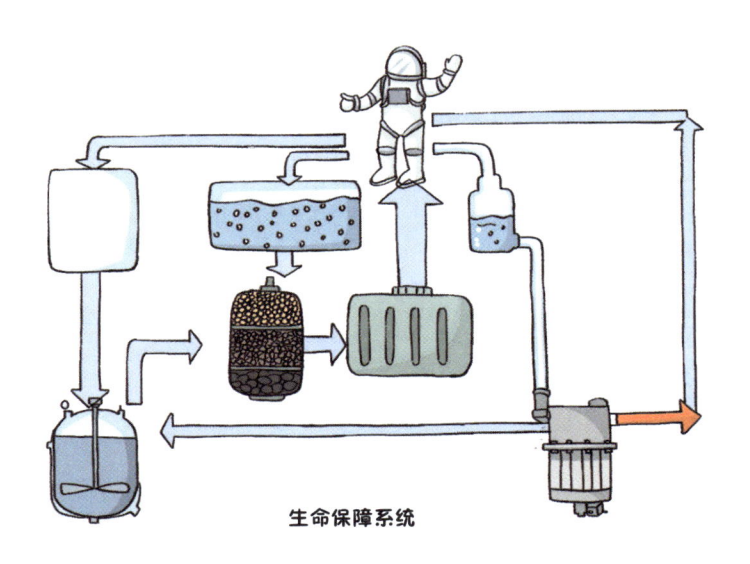

生命保障系统

在长时间的太空飞行中，因为航天员用水量巨大，所以空间站配备了水回收系统。水回收系统通过回收航天员的尿液、汗液、座舱里的冷凝水和舱外活动产生的废弃物来制成干净的水。

"太空厨房"可以提供饮食、饮水解决方案。2015年，意大利籍航天员萨曼莎·克里斯托弗雷蒂在国际空间站里操作了一台"太空咖啡机"，瞬间吸引了全世界人的眼球。现在，我们的空间站里有了一个这样的"太空厨房"：这个"太空厨房"可以长期为航天员提供食物、饮水。偷偷告诉你，我们国家的航天员在中国空间站还能吃上冰激凌呢！

在太空中喝袋装水

中国空间站的"太空厨房"更适合中国人。2021年9月3日，在太空中"出差"的航天员刘伯明向全球观众介绍了"天宫号"空间站的厨房和餐厅。在"太空厨房"里，冰箱、微波炉、饮水机一应俱全；在"太空餐厅"里，调味品、饼干、坚果、奶、巧克力应有尽有，还有太空自制酸奶。刘伯明说，冰箱里的苹果不舍得吃，因为苹果的香味可以充满整个空间站。

2021年5月29日，"天舟二号"货运飞船携带着众多更适合中国航天员口味的菜品发射升空。5月30日，"天舟二号"和"天和"核心舱完成精准对接，航天员们吃到了宫保鸡丁、鱼香肉丝、豆浆等食物。

航天员在太空中吃月饼

第四章 中国的"飞天"路 95

成为一名航天员

人人都可以成为航天员吗？答案是否定的。要成为一名真正的航天员需要经过两个阶段的选拔：第一个阶段的选拔是从普通的候选人中挑选出合格者，成为预备航天员；第二个阶段的选拔是经过长期的训练，从预备航天员中挑选出可以承担航天飞行任务的航天员。

航天员选拔设有专业的评委任务组，评委任务组由官方机构、航天医学专家、临床医生专家组成。在进行第一个阶段的选拔时，每名候选人必须闯过3关：基本身体素质、临床医学和与航天医学有关的特殊生理功能、心理素质的标准。

闯过以上3关的人，表明他已经具备了预备航天员的资格。

从成为预备航天员到走向太空还要经过漫长的训练，这些都是接近人体承受极限的训练。

航天员需要学习航天理论和基础知识，包括空气动力学、飞行动力学、气象学、天体物理学等。

另外，航天员还需要学习火箭、卫星、空间站的设计原理和结构性能，以便更好地操作、维修和维护这些"宝贝"。

当然，基本的摄影、通信技术知识也是航天员需要掌握的，否则如何在太空中向地球上的人们展示自己的工作和生活呢？如何在太空中给我们授课呢？

航天员训练的项目有很多，涉及面很广、程度很深，绝不是浅尝辄止，可以说每名航天员都需要付出比常人更多的努力。

努力学习吧！也许以后你也能成为一名航天员，为祖国的航天事业贡献出自己的力量呢！